THE TIMES

SAMURAI

Su Doku

Book 9

100 extreme puzzles for the fearless Su Doku warrior

THE TIMES

SAMURAI Su Doku

Book 9

100 extreme puzzles for the fearless Su Doku warrior

HarperCollins Publishers
Westerhill Road
Bishopbriggs
Glasgow G64 2QT

www.harpercollins.co.uk

HarperCollins*Publishers*
Macken House, 39/40 Mayor Street Upper,
Dublin 1, D01 C9W8, Ireland

10 9 8 7 6 5 4 3 2

All individual puzzles copyright Puzzler Media – www.puzzler.com

The Times® is a registered trademark of Times Newspapers Limited

ISBN 978-0-00-840419-2

Layout by Puzzler Media

Printed and bound in the UK using 100%
Renewable Electricity at CPI Group (UK) Ltd

A catalogue record for this book is available from the British Library.

If you would like to comment on any aspect of this book, please contact us at the
above address or online.

E-mail: puzzles@harpercollins.co.uk

This book contains FSC™ certified paper and other controlled
sources to ensure responsible forest management.

For more information visit: www.harpercollins.co.uk/green

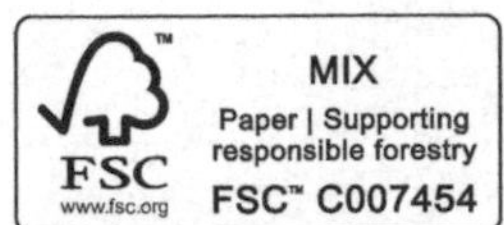

Contents

Puzzles

Solutions

Instructions for Solving Samurai Su Doku

Samurai Su Doku is an aptly named variation of regular Su Doku, overlapping five standard 9x9 grids to form one large, jumbo-sized puzzle. Each 9x9 grid follows the usual rules of Su Doku, namely that each row, column and bold-lined 3x3 box must contain all of the digits from 1 to 9 exactly once each. Unlike five separate puzzles, however, the five grids in a Samurai Su Doku must be solved simultaneously. In other words, the five grids make up just one single puzzle, and if you do not consider them all together then there will not be a unique solution.

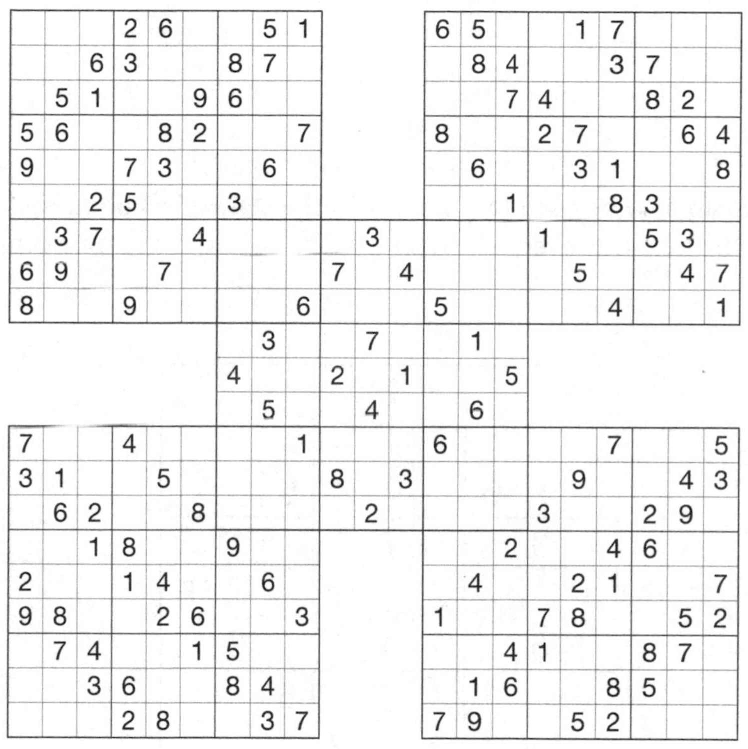

Fig. 1

Take a look at the Samurai puzzle above (Fig. 1). It's tempting to start with the centre grid, since this will provide help for all four of the corner grids, but at the moment there is very little that can be deduced if you try to solve it in isolation as a normal Su Doku puzzle. You can, however, place a 1 in the centre-left 3x3 box by remembering that every digit must occur exactly once in each row, column and 3x3 box, which means that five of the empty squares in that box can be eliminated as possible locations (Fig. 2).

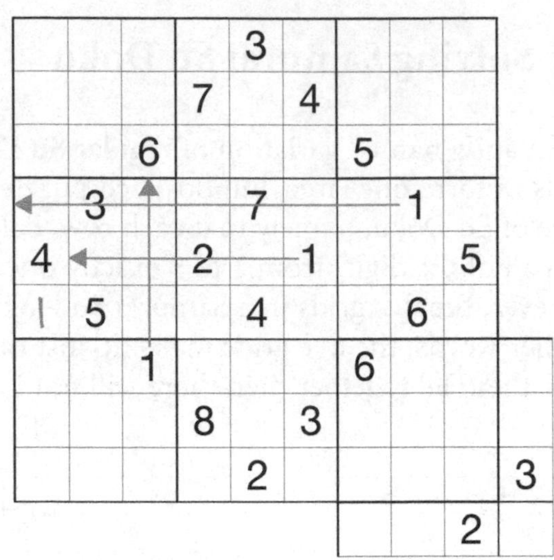

Fig. 2

Similar logic can also be used to place a 3 in the centre 3x3 box (Fig. 3).
To progress further, however, you now need to consider the four other grids.

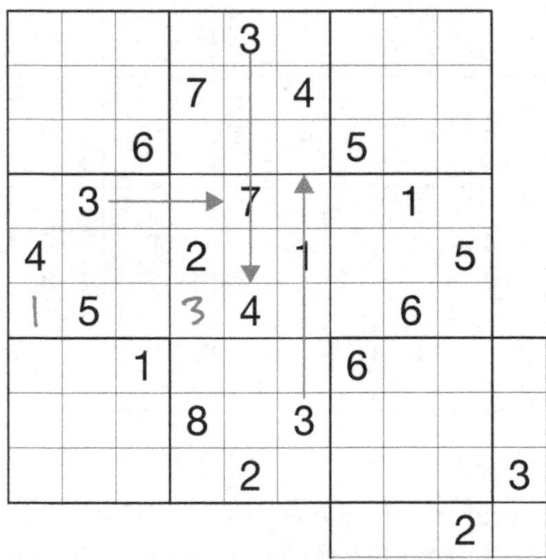

Fig. 3

Where the top-left and centre grids overlap, you can make a deduction using logic that is unique to Samurai Su Doku. Specifically, in the 3x3 box that is shared between the two grids, you can work out where the 3 must go by eliminating options using both the top-left and the centre grids simultaneously (Fig. 4).

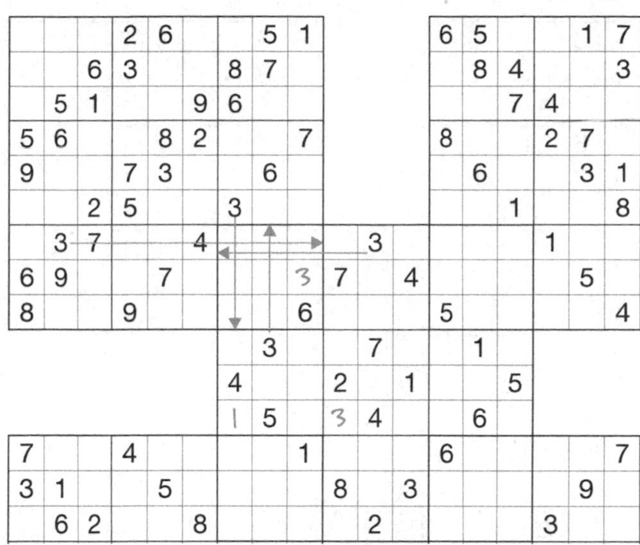

Fig. 4

Sharing information between the grids is essential when solving Samurai Su Doku. Even when you aren't certain of the exact location of a digit, just knowing which squares it definitely doesn't go in can be useful. Consider, for example, the location of the 3 in the top-right 3x3 box of the centre grid. The 3 can fit in only one of two squares, which you can make note of by using small pencil marks (Fig. 5).

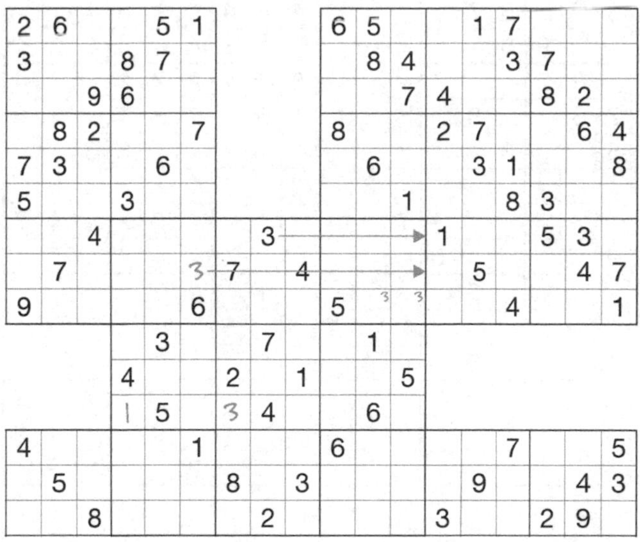

Fig. 5

You can then use this deduction to place a 3 in the top-right grid, in the centre-bottom 3x3 box (Fig. 6). Making pencil marks in this way can be very helpful, especially when solving the harder puzzles, since it saves you from having to remember all of your intermediate deductions as you work your way around the puzzle.

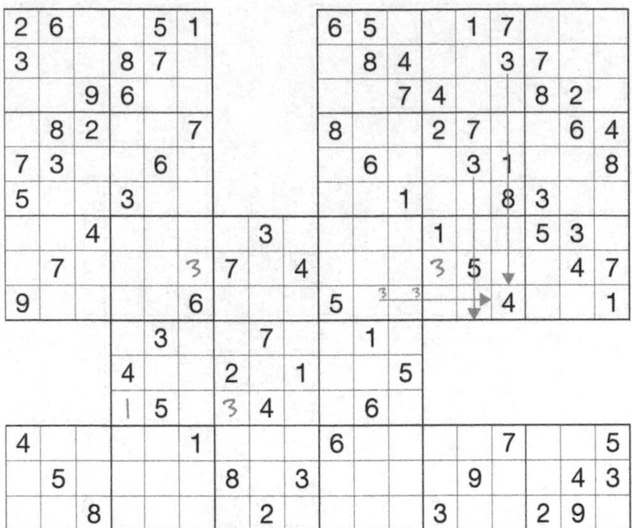

Fig. 6

Using similar solving techniques you can now complete the whole of the top-right grid (Fig. 7).

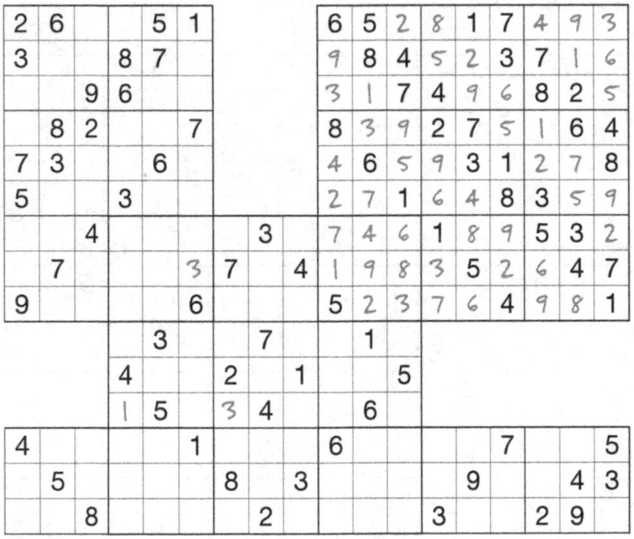

Fig. 7

Now that you have all of the digits for the top-right 3x3 box of the centre grid, you can solve most – but not all – of the centre of the puzzle (Fig. 8).

9	1	8	5	3	2	7	4	6	
5	2	3	7	6	4	1	9	8	
7	4	6	19	19	8	5	2	3	
8	3	2	6	7	5	9	1	4	
4	6	9	2	8	1	3	7	5	
1	5	7	3	4	9	8	6	2	
2	8	1	4	5	7	6	3	9	
6	79	4	8	19	3	2	5	17	
3	79	5	19	2	6	4	8	17	3
								2	

Fig. 8

The pencil marks make it clear that there are only two options for each unsolved square in the centre grid, but if you were to guess and pick one of the two then you'd discover that in fact both options will work – as the centre grid stands at the moment, there are currently two solutions. This is why it's essential to solve all five grids together, because if you don't do so then you won't end up with the correct, unique solution to the overall puzzle.

At this stage you have now found all of the shared digits that might be required in order to complete the top-left grid, so you can go ahead and solve this using standard Su Doku techniques (Fig. 9).

3	8	9	2	6	7	4	5	1	
4	2	6	3	1	5	8	7	9	
7	5	1	8	4	9	6	3	2	
5	6	3	4	8	2	1	9	7	
9	4	8	7	3	1	2	6	5	
1	7	2	5	9	6	3	8	4	
2	3	7	6	5	4	9	1	8	5
6	9	4	1	7	8	5	2	3	7
8	1	5	9	2	3	7	4	6	19
						8	3	2	6

Fig. 9

At this point you can proceed to solve the bottom-right grid, which will resolve the remaining ambiguity in the centre grid. Continuing with standard solving techniques, you can now find the final, unique solution to this Samurai Su Doku puzzle (Fig. 10).

3	8	9	2	6	7	4	5	1				6	5	2	8	1	7	4	9	3
4	2	6	3	1	5	8	7	9				9	8	4	5	2	3	7	1	6
7	5	1	8	4	9	6	3	2				3	1	7	4	9	6	8	2	5
5	6	3	4	8	2	1	9	7				8	3	9	2	7	5	1	6	4
9	4	8	7	3	1	2	6	5				4	6	5	9	3	1	2	7	8
1	7	2	5	9	6	3	8	4				2	7	1	6	4	8	3	5	9
2	3	7	6	5	4	9	1	8	5	3	2	7	4	6	1	8	9	5	3	2
6	9	4	1	7	8	5	2	3	7	6	4	1	9	8	3	5	2	6	4	7
8	1	5	9	2	3	7	4	6	9	1	8	5	2	3	7	6	4	9	8	1
						8	3	2	6	7	5	9	1	4						
						4	6	9	2	8	1	3	7	5						
						1	5	7	3	4	9	8	6	2						
7	5	9	4	6	3	2	8	1	4	5	7	6	3	9	2	4	7	1	8	5
3	1	8	9	5	2	6	7	4	8	9	3	2	5	1	8	9	6	7	4	3
4	6	2	7	1	8	3	9	5	1	2	6	4	8	7	3	1	5	2	9	6
6	4	1	8	3	7	9	5	2				9	7	2	5	3	4	6	1	8
2	3	5	1	4	9	7	6	8				8	4	5	6	2	1	9	3	7
9	8	7	5	2	6	4	1	3				1	6	3	7	8	9	4	5	2
8	7	4	3	9	1	5	2	6				5	2	4	1	6	3	8	7	9
1	2	3	6	7	5	8	4	9				3	1	6	9	7	8	5	2	4
5	9	6	2	8	4	1	3	7				7	9	8	4	5	2	3	6	1

Fig. 10

Dr Gareth Moore, UK Puzzle Association (www.ukpuzzles.org)

Puzzles

Easy

1

					9	3								3	1					
		9	3														7	8		
	2			1	7	4		5				9		4	8	2			5	
	8			6		2		3				7		8		3			6	
		6	7		3	5								5	9		6	7		
3		7		2			1						2			8		5		3
9		8	5	7												9	4	6		7
					4										6					
		2	8						2		4						8	2		
								9	1		3	6								
										4										
								5	7		8	2								
		9	1						9		2						6	9		
					8										8					
3		8	4	6												5	4	3		2
4		5		9			2						1			8		7		6
		7	2		1	3								6	9		1	2		
	2			5		1		7				2		7		6			8	
	3			7	4	6		2				7		1	2	3			9	
		2	5														9	4		
					2	7								5	6					

2

			2		8										2		1			
		5		9		1								5		8		3		
	4		3		1		5						8		3		9		6	
6		4				5		2				5		3				4		8
	8						3						7						5	
1		9				4		8				9		4				2		6
	1		7		3		2		6		1		5		7		2		4	
		7		2		3				2				7		1		9		
			9		5				5		3				6		5			
						5		3				9		4						
							8						3							
						4		2				8		1						
			9		3				9		2				9		5			
		6		2		7				8				6		7		4		
	8		4		6		5		7		6		8		2		6		5	
2		3				8		7				6		2				9		7
	7						1						4						1	
5		1				9		3				1		5				3		2
	2		5		4		9						9		1		3		7	
		4		3		5								1		9		6		
			2		7										4		8			

Easy

3

	8	2		3		1	9						3	5		6		4	7	
5								2				9								3
9			2		8			4				2			3		7			8
		3		7		4								1		5		7		
7			1		4			6				6			7		4			1
		1		9		5								8		3		9		
2			7		6					4					4		9			6
1																				7
	7	9		8					2		8					7		1	8	
								7		1		3								
						3			9		4			1						
								9		3		6								
	9	3		1					5		1					4		1	5	
5																				6
2			7		9					2					2		9			7
		2		5		4								1		9		3		
4			8		2			9				8			5		6			9
		8		3		6								3		8		4		
1			6		8			3				3			1		8			4
7								1				4								1
	2	6		9		5	7						1	5		6		2	8	

4

	1					6								4					9	
3		8			4	1	7						6	3	2			1		4
	7			5			4	9				9	8			4			7	
				1			2						5			1				
		3	6	2	7	9								6	7	9	4	5		
	6			3												5			3	
4	2			9					6		9					2			6	7
	9	5	2														3	8	4	
		6							7		4							9		
						6		4	1		7	9		3						
						7		9	3		5	1		8						
		9							2		6							7		
	3	2	4														5	1	9	
8	7			9					8		1					7			8	3
	4			5												2			6	
		3	8	1	2	7								5	9	4	7	8		
				6			9						2			5				
	9			7			5	1				2	6			9			7	
3		7			5	6	8						7	9	5			3		8
	8					4								1					4	

Easy

5

		2				1								1				9		
		7	3		6	4								8	4		6	2		
4	6			2			3	7				4	5			1			3	7
	3			4			1						7			4			2	
		9	8		3	2								4	8		5	7		
	8			1			9						6			3			9	
7	2			5					5		1					9			5	1
		1	6		7										7		4	6		
		3							4		9							4		
						2		5				3		8						
										4										
						9		6				7		4						
		6							3		4							8		
		9	4		6										5		6	7		
1	2			5					9		7					4			5	9
	5			7			4						5			2			7	
		1	3		4	2								8	1		9	4		
	7			9			1						1			6			8	
9	8			1			3	4				6	4			7			9	1
		3	9		8	5								7	6		1	5		
		5				7								9				2		

6

		1				6								7				1		
	3		6		9		2						2		9		6		5	
8				4				9				8				4				9
	7			3			9						4			9			1	
		4	5		2	8								3	7		4	5		
	6			9			1						9			5			7	
1				5				3				4				8				5
	4		2		8		6		4		7		8		6		5		4	
		2				1				2				9				3		
							2			5			1							
								9	8		6	7								
							5			9			3							
		5				7				6				3				2		
	4		7		6		9		3		1		4		3		1		5	
2				5				1				2				8				1
	8			1			5						7			6			1	
		7	9		3	8								9	5		7	8		
	9			2			1						8			1			9	
5				6				3				5				7				4
	3		2		5		8						3		9		2		8	
		4				2								8				5		

Easy

7

		8	1		2	5								7	3		5	2		
				7												7				
9			8		6			7				5			1		2			3
2		6				7		4				1		6				4		2
	9						2						8						6	
5		7				6		3				4		3				7		1
1			3		5			9				3			7		9			8
				2					5		3					1				
		9	6		1	2								4	5		8	1		
							1		4		6		8							
										9										
							2		7		8		9							
		7	3		8	5								1	9		3	8		
				2					1		5					5				
9			6		5			3				7			6		4			3
3		9				6		5				6		3				4		8
	6						3						8						2	
1		2				9		4				2		5				1		6
2			4		7			1				5			4		2			9
				5												7				
		8	2		9	4								9	1		8	7		

8

		9	2		4	6								6	5		1	7		
	4		7		6		5						8		4		3		9	
2								1				2								3
1	8						9	6				4	6						5	9
				8												3				
7	9						3	2				9	3						6	1
4									7		5									7
	1		8		9				9		6				9		7		8	
		6	3		2										8		2	5		
						2	5						6	7						
										3										
						3	4						1	2						
		2	4		5										4		8	9		
	8		1		2				8		1				1		7		2	
3									3		9									1
1	2						4	9				1	5						4	7
				6												4				
9	6						5	8				9	8						5	3
4								3				4								6
	5		3		1		6						7		6		4		8	
		1	8		9	7								9	5		2	7		

Easy

9

8	2		5		9		3	7				9	1		2		4		7	3
1	3						4	5				4	6						8	5
				3												6				
5				7				9				2				5				1
		7	9		6	3								4	8		6	9		
9				4				2				1				7				6
				9					2		3					3				
6	4																		1	4
2	5		8		3					6					6		5		9	8
						4				8				3						
								8	6		1	9								
						9				5				6						
7	9		1		4					2					5		6		1	8
8	3																		6	5
				6					9		4					8				
1				4				2				8				4				3
		9	7		8	4								3	1		2	5		
6				3				8				9				5				6
				9												6				
4	8						7	3				4	7						3	2
9	5		4		3		8	6				5	8		9		3		4	1

10

		8	5			2								3			9	2		
	9		3		4										2		1		3	
5								4				1								4
6	5		8	7			9						5			2	3		4	9
			1		6										1		6			
	7			4	5		6	3				2	7		9	5			6	
3									6		3									7
			4		1				9		2				6		5			
		4			8				7		1				8			1		
						3	9	4	8		7	5	2	1						
										1										
						6	2	1	4		5	7	8	9						
		7			6				5		4				9			8		
			1		4				3		8				6		8			
5									1		6									3
	5			6	8		3	4				7	9		5	6			3	
			2		3										8		3			
8	9		4	1			2						8			7	2		6	9
9								2				8								6
	4		6		1										7		6		4	
		6	8			5								3			4	9		

Easy

Mild

11

8				2	7										5	8				2
	1		9			6								3			7		8	
			6				4						8				9			
	5	3		8				7				9				6		8	4	
1			5		9			4				8			7		4			5
7				3		5	2						3	7		5				1
	4				2		6						9		3				6	
		2			3	4	1						7	8	9			2		
			1	6				8		7		6				4	8			
									3		1									
								4		8		1								
									7		6									
			2	1				3		9		7				4	3			
		1			3	9	2						1	5	2			8		
	2				8		4						8		1				7	
8				3		2	9						3	4		2				6
9			8		5			4				8			7		1			2
	4	3		2				6				2				6		3	8	
			9				5						9				2			
	9		4			3								8			5		3	
7				8	2										3	7				8

12

4		9				1		8				7		8				5		1
				9												6				
7			5		4			2				6			5		8			3
		5		4		9								9		1		2		
	3		7		9		1						3		2		7		8	
		8		2		4								5		9		3		
1			9		2										6		3			7
				1						5						8				
5		2							3		9							6		2
								7		4		5								
							9		6		1		2							
								8		3		7								
6		4							4		7							1		2
				9						9						3				
9			5		2										6		1			5
		1		7		6								2		7		3		
	9		8		4		7						1		3		5		7	
		8		1		5								7		9		8		
2			6		7			8				3			7		9			8
				2												2				
8		9				4		7				5		1				7		4

Mild

13

9	5						7	1
8			9		7			4
				1				
	1		4		2		6	
		5				2		
	7		5		6		1	
				3				
4			8		9			6
5	2						3	8

2	9						3	8
3			2		4			5
				1				
	7		5		8		1	
		5				7		
	3		7		1		6	
				3				
5			9		6			1
9	2						4	6

		6	7		8	5		
	3	8		1		9	2	
	1		8		4		5	
		9				4		
	8		3		9		1	
	4	1		3		8	7	
		3	5		7	1		

5	7						4	1
1			5		7			3
				8				
	9		1		8		2	
		4				3		
	1		4		5		9	
				2				
6			9		4			2
9	5						7	6

8	7						1	6
1			6		2			5
				1				
	6		2		8		3	
		8				5		
	5		7		9		2	
				2				
5			4		7			8
9	4						7	2

14

							2						5							
			9			8		6				4		8			7			
			6	8	3		5						9		1	5	8			
	7	4		9	1	2								5	8	3		7	9	
		2	4		5	6								4	2		5	1		
		8	2	3		1	7						7	3		6	4	5		
	6		3	1	9				6		7				5	9	2		4	
4		5			2										4			8		9
	2																		2	
						2			1		4			3						
						7			5		3			8						
	4																		6	
9		8			3										6			1		7
	3		6	9	5				2		1				7	3	1		8	
		3	5	2		8	1						3	8		9	6	4		
		6	9		1	7								1	5		7	3		
	1	7		4	6	9								7	4	1		6	5	
			3	1	8		9						1		3	2	8			
			7			2		1				2		3			5			
							8						5							

Mild

15

		7	6			2		1				6		9			4	5		
	3		2														1		9	
1				9	3	5		6				4		3	2	9				1
6	5					1								5					3	9
		2				9								2				8		
		9					7	8				9	7					2		
7		1	8	6					2		1					4	2	3		5
					9										8					
9		5			7				6		7				5			7		2
						9		5				6		2						
						2		6				8		9						
3		4			7				3		5				6			9		3
					5										8					
1		8	9	4					4		9					1	3	4		7
		2					6	4				7	9					3		
		7				2								8				1		
8	1					3								2					6	4
2				7	4	8		3				4		9	2	8				1
	4		2														6		7	
		6	5			9		2				8		5			9	6		

16

4						5								3						7
		8			3										3			4		
	1			2		4		3				4		1		6			3	
				9			7						3			4				
		7	2		5	1								5	7		1	6		
	6			4												5			8	
1		2		3				7	3		8	5				7		9		6
			7						7		1						2			
		9				8		1				3		9				8		
						7	1		4		5		8	3						
						9	5		8		2		6	4						
		1				3		4				6		8				5		
			3						9		3						6			
6		2		5				9	6		4	7				4		6		2
	4			1												6			7	
		9	5		8	2								2	3		4	8		
				4			9						1			5				
	5			3		4		2				5		9		8			1	
		8			2										6			2		
1						8								7						4

Mild

17

5								7				6								2
			7	1	6										5	8	2			
		2				4								4				7		
	7		2		1		3						7		9		4		3	
	5						4						6						9	
	4		9		3		7						9		1		7		8	
		8				2								7				4		
			4	9	2				6	5	2				7	2	5			
4								3				8								5
							9		7		3		1							
							2						9							
							8		4		1		3							
6								2				3								7
			1	8	7				2	8	9				3	8	6			
		5				1								2				3		
	2		3		5		6						9		6		4		1	
	9						1						2						7	
	8		2		6		9						5		9		3		4	
		8				9								5				6		
			6	2	9										5	3	1			
7								4				8								9

18

2		7				5		1				7		4				5		8
	4		5		2		6						1		5		8		4	
6				1				2				3				1				6
	1			5			7						7			9			3	
		6	7		4	1								5	1		2	7		
	7			8			3						2			3			8	
4				7												8				9
	6		3		9				4		3				9		3		2	
1		3							6		2							4		7
							4	7				8	2							
							2	6				4	1							
3		2							1		7							8		6
	8		6		2				2		6				6		4		1	
6				9												8				3
	4			8			1						7			1			5	
		3	4		1	5								6	5		2	1		
	6			3			2						1			6			2	
4				7				9				8				4				9
	3		9		6		4						6		8		5		7	
7		6				2		3				5		9				3		1

Mild

19

		9	4		2	5								2	3		1	4		
			8		7										2		7			
6				5				3				5				4				7
2	7						3	9				7	4						2	1
		5				1								5				6		
4	9						8	5				3	8						5	4
9				4				7	2		9	1				2				6
			6		8				3		6				5		3			
		6	7		1	3				1				9	4		8	7		
						4	9						7	1						
								3				4								
						6	7						9	5						
		7	1		8	5				6				2	3		5	8		
			6		3				9		2				4		9			
9				5				6	4		5	9				1				5
2	1						4	5				8	3						2	6
		6				3								1				7		
3	9						7	8				2	6						3	4
1				8				7				1				3				9
			4		1										9		7			
		5	2		6	1								9	1		8	2		

20

2		5		3			4						2			1		7		3
			5			6		3				9		7			3			
6			4				5						4				7			8
	6	8			3										2			4	8	
3								6				2								7
			9			3	2						5	9			6			
	1				5										3				6	
5		3			8				5		9				1			2		9
	7			6					8	4	1					9			3	
							2	8				5	1							
								6				9								
							5	9				8	3							
	1			6					3	6	5					2			9	
9		4			1				9		4				9			7		3
	3				9										5				8	
			9			2	3						1	4			9			
5								4				6								4
	6	2			7										4			5	1	
8			6				2						2				7			8
			8			7		5				9		5			8			
4		7		9			8						8			3		9		1

Mild

21

	6	7		2		5	4						5	6		2		3	8	
3								7				8								5
5		9		6		8		1				7		3		8		9		6
			6		5										2		1			
6		1				9		3				5		9				2		4
			3		2										5		3			
9		2		3						4						1		8		2
7																				7
	3	5		8						8						5		6	4	
									4		1									
						6		5				4		3						
									5		7									
	5	9		8						9						6		4	7	
1																				6
4		8		2						1						2		9		5
			8		2										4		1			
7		4				9		6				9		1				3		4
			6		7										2		3			
6		5		1		8		3				2		4		3		5		9
8								2				8								3
	7	2		6		4	5						1	6		5		7	4	

22

		5					9						3					1		
						2	5	1				1	8	9						
7				2	5		4						2		3	8				5
				8	6	4								4	9	1				
		1	2		3	9								1	7		2	8		
		8	5	4												3	4	5		
	6		4	9												7	3		9	
1	3	4								1								7	6	2
	7																		5	
									9	6	8									
							3		2	5	1		9							
									4	3	7									
	8																		9	
7	3	2								7								5	4	2
	1		4	2												5	6		1	
		5	6	1												2	4	7		
		3	5		8	2								8	7		9	4		
				9	7	6								3	8	6				
4				5	1		7						3		4	1				6
						9	2	1				7	8	1						
		7					6						4					2		

Mild

23

	1																		3	
2				6		9	5						7	3		4				8
			4		8	3	1						9	5	6		3			
		5		1		8								1		8		4		
	2		9		7		4						8		7		2		1	
		6		2		1								9		5		8		
	3	8	2		6				4	5	2				1		4	5	9	
	5	9		8												3		2	4	
										7										
						1			5		7			9						
						5		2				7		6						
						3			6		4			5						
										6										
	1	3		4												4		3	9	
	6	5	1		8				1	8	9				8		7	4	1	
		8		1		3								4		1		8		
	3		7		5		9						8		9		3		4	
		7		6		1								5		2		6		
			9		4	2	8						4	9	5		2			
4				8		5	3						2	7		8				1
	8																		5	

24

3			2		4			8				1			5		4			2
	5		9		8		6						9		7		8		1	
				7												9				
6	3						2	4				8	5						6	1
		2				5								6				4		
1	4						3	7				9	2						3	7
				8					6		4					6				
	7		6		1				2		7				9		3		2	
4			7		9					5					8		5			3
						7	6						3	8						
								1				7								
						8	4						9	6						
5			4		6					7					3		5			8
	7		3		2				1		8				4		2		5	
				5					4		9					6				
1	3						9	6				3	8						6	4
		7				2								5				8		
2	5						3	1				7	4						1	2
				6												5				
	2		5		4		7						9		8		1		4	
9			7		1			2				5			7		4			3

Mild

25

		7		4		9								5		3		7		
			2		5										6		8			
9			7		8			1				3			2		5			6
	9	8				2	4						7	6				3	2	
7								9				4								7
	3	2				8	7						2	3				6	5	
5			1		3					5					9		6			8
			4		9				1		7				7		1			
		9		8					9		3					2		1		
							4	5				7	1							
						2								5						
							6	7				8	2							
		4		6					7		9					7		9		
			3		2				3		2				6		3			
7			1		8					4					5		9			2
	2	7				1	6						3	6				1	8	
8								2				7								6
	5	1				3	8						9	5				2	7	
4			8		5			9				3			2		4			9
			4		7										7		1			
		8		2		5								1		8		4		

26

				4		6		8				1		7		3				
		8			5		2						9		8			3		
	1		8			9		5				4		8			2		7	
		1		3			5						6			1		7		
5			9		2			3				7			6		9			1
	3			5		4								1		7			6	
1		3			9										7			6		4
	2		5						4	6	1						1		3	
7		5		6												5		1		8
							5		2		7		4							
							4			9			3							
							2		3		4		6							
8		9		2												8		5		3
	5		9						5	4	3						5		2	
2		7			3										9			1		7
	3			7		9								8		1			3	
1			2		5			3				7			3		8			2
		5		1			2						6			5		9		
	6		5			8		2				6		9			1		5	
		1			4		7						3		8			2		
				9		5		4				2		4		6				

Mild

27

		7				3								3				6		
		5	2		1	8								8	5		3	2		
6	2						5	9				5	9						7	1
	3			2			9						7			2			5	
			6		9										3		5			
	1			8			4						3			9			4	
7	8						1	4				8	5						1	9
		9	3		4	7			1		5			4	9		1	5		
		4				5								9				8		
							5			8			9							
									2		6									
							4			5			7							
		1				6								2				1		
		7	6		8	4			6		9			8	4		7	2		
2	6						8	7				9	1						4	5
	5			3			1						2			5			8	
			2		4										3		9			
	2			9			6						6			2			7	
8	1						5	3				2	5						6	3
		2	3		6	8								4	8		6	5		
		3				1								3				9		

28

	1			7			9	
7			6		9			1
		4		3		5		
	6						8	
4		2		8		6		3
	5						1	
		3		2		1		
5			3		8			6
	8			6			3	

	2			6			8	
4			8		7			1
		5		9		3		
	4						9	
8		1		2		4		5
	7						2	
		4		8		7		
3			6		4			2
	6			1			3	

1			6		2			4
		6				3		
	3						6	
3				8				6
			3	2	4			
4				5				9
	1						8	
		9				6		
8			4		5			7

	2			9			1	
4			1		3			9
		5		4		8		
	3						4	
6		8		1		2		5
	9						7	
		6		7		3		
3			4		5			7
	5			2			8	

	8			7			2	
6			8		5			3
		7		3		5		
	5						6	
9		8		6		1		5
	2						8	
		2		4		3		
4			6		8			1
	1			5			4	

Mild

29

			3		2										4		9			
		2				1								7				6		
	1		4		5		9						9		3		2		4	
4		9		7		6		5				2		1		4		3		6
			6		3										2		6			
8		6		4		3		9				7		4		3		8		2
	9		8		4		3		7		8		4		7		3		1	
		5				9								8				2		
			9		6				6		3				6		4			
						7		9		2		8		6						
									9		5									
						3		4		1		9		7						
			6		1				5		2				3		2			
		3				8								2				7		
	4		5		3		6		4		7		9		7		1		4	
2		5		3		6		1				1		4		7		3		2
			9		8										5		3			
8		7		6		9		4				2		9		1		6		7
	8		4		2		3						4		1		7		2	
		9				2								5				8		
			8		6										2		6			

30

				1												5				
		9	7		8	1								7	1		6	2		
	8			2			7						5			2			4	
	9		3		6		5						3		4		9		7	
7		8				2		6				9		4				3		1
	3		1		2		8						8		3		5		2	
	2			3			4			5			1			8			9	
		3	8		4	9			3		1			5	9		2	1		
				9						2						4				
							2		9		6		5							
						6		4				9		8						
							3		5		8		2							
				3						7						8				
		2	8		5	4			1		2			7	9		2	3		
	4			1			7			9			4			3			5	
	8		1		3		2						5		1		8		6	
2		3				7		5				7		8				4		9
	5		7		2		1						1		2		4		8	
	9			8			5						3			4			7	
		1	9		4	8								4	3		1	6		
				6												2				

Mild

31

	9		3	4												8	1		7	
2					1	3	7						1	2	6					4
				6			9						6			2				
3			6				1						3				2			7
6		1				8		2				6		7				2		9
	7				2			3				4			1				8	
	6			8					6		1					9			3	
	3	9	5														6	7	4	
				7	6				9		8				8	3				
						3		9				4		7						
										9										
						5		8				9		3						
				9	1				3		2				1	2				
	3	1	7														6	4	2	
	4			2					5		7					8			5	
	1				3			9				3			5				9	
4		9				3		7				2		4				5		1
8			9				4						1				9			6
				5			3						8			7				
2					7	6	5						7	6	4					2
	8		2	6												9	8		7	

32

9	2			7			8	3				4	6			7			1	3
4				8				2				7				3				2
			1		6										8		1			
		9				4								2				3		
6	5						2	8				8	9						5	4
		1				9								5				2		
			3		8					6					3		2			
5				4				1		7		9				1				5
7	8			1			4	5	9		2	1	7			8			2	6
								4				7								
						7	9						4	1						
								2				6								
7	4			6			1	8	7		5	2	6			7			5	3
8				1				7		2		4				3				6
			5		8					9					8		9			
		9				2								5				1		
5	1						4	3				1	7						2	8
		3				5								3				9		
			3		7										5		6			
6				5				2				5				8				7
3	9			4			8	5				8	3			9			6	2

Mild

33

	3						8						8						9	
4			1		9			3				7			4		6			2
			5		2										8		2			
	6	3	8		4	9	2						7	3	1		5	6	2	
	9	8	2		3	1	5						9	5	2		4	7	8	
			3		1										5		8			
3			6		5				5		4				9		3			5
	4								2		8								7	
							1	4	6		7	8	3							
							2	3	9		5	1	7							
	8								7		6								7	
2			7		9				3		2				5		2			3
			1		5										8		6			
	2	5	4		3	6	9						2	4	9		5	7	1	
	9	6	2		7	8	1						3	7	6		4	8	5	
			3		1										3		8			
4			9		8			1				6			7		1			9
	3						4						7						2	

34

		6		3		9								4		2		8		
			5		8										8		4			
7				1				4				9				1				2
	5		3		1		9						5		4		2		6	
6		9				3		8				8		3				1		7
	3		8		4		6						4		1		8		3	
3				8				9		6		5				4				3
			6		9				4		7				3		7			
		4		5		6				9				8		6		7		
							6		1		4		5							
						7		1				8		2						
							9		2		6		4							
		7		1		5				4				9		3		4		
			4		9				9		5				6		7			
2				5				4		3		6				1				7
	7		9		1		5						1		8		6		7	
4		6				2		7				9		6				8		1
	9		6		2		4						5		1		3		2	
7				8				5				7				6				9
			2		5										4		5			
		5		6		8								1		8		7		

Mild

35

5			7		2		6						7		8		2			6
	4							9				4							9	
				9	8	5								6	3	9				
8				7		2		4				9		1		4				5
		4	1		5	9								5	9		7	8		
9		3		6				7				7				5		9		2
		7	4	2												3	9	2		
2																				9
	5		3		7				4		5				5		6		8	
								7	8		3	9								
								3	2		6	4								
	7		6		3				1		7				7		8		1	
6																				3
		2	1	4												4	6	8		
8		5		1				7				2				3		4		9
		9	4		5	3								5	2		9	1		
1				8		9		5				8		3		1				5
				3	2	5								7	4	2				
	2							8				6							2	
5			7		4		9						8		9		3			4

36

		9	7		8	1								9	2		5	1		
			6		5										6		7			
8								7				8								2
9	4			7			2	3				6	7			4			9	1
			9		3										7		1			
3	6			5			7	9				3	1			6			5	7
2								4	9		1	5								4
			5		7				3		5				5		4			
		8	1		2	3								4	8		3	7		
						1	3			2			6	7						
									6		8									
						6	2			9			1	8						
		9	2		7	5								9	2		7	5		
			1		8				8		9				8		5			
4								1	4		6	2								4
3	5			6			1	4				4	8			7			1	3
			4		2										3		6			
7	9			1			8	2				1	5			2			7	9
6								9				9								6
			5		4										1		3			
		5	9		6	4								4	9		2	7		

Mild

37

		1	7		4	2								1	2		3	6		
				8												7				
6			5		9			8				2			4		1			9
8		4				7		3				6		8				1		4
	7						2						7						9	
5		2				8		1				9		3				5		8
3			2		6			7	2		4	5			8		9			2
				9						8						5				
		6	1		8	5			7		9			4	6		7	9		
						8		3				2		9						
							6						4							
						4		5				6		1						
		3	1		8	6			5		8			3	6		5	8		
				6						9						3				
6			2		7			8	4		1	9			1		2			5
1		7				4		5				2		9				4		8
	4						9						5						7	
2		9				8		6				7		8				9		1
3			9		6			1				5			8		1			9
				2												2				
		5	4		1	2								6	7		9	1		

38

					8		9						9		5					
		3				4		5				2		7				4		
	1		4				3						6				7		9	
		4		5				7				6				7		5		
			8		1										6		4			
1				9		2								9		5				2
	4				9		8						5		1				2	
8		2				9		1	2		6	3		4				7		6
	3		2				5						1				8		4	
							9		3		1		6							
										7										
							4		8		5		3							
	5		4				1						9				4		3	
9		1				5		7	9		8	4		3				1		9
	2				5		3						7		6				5	
8				9		1								8		5				7
			5		3										8		6			
		6		4				3				1				3		4		
	1		3				4						3				5		2	
		3				6		5				9		2				6		
					2		8						8		7					

Mild

39

			6		5										8		3			
	8		4	9	1		2						1		7	9	6		2	
				7												4				
3	9						8	7				1	4						7	8
	7	5				4	6						9	7				4	6	
2	6						5	1				5	8						3	1
				5					2		4					7				
	3		7	8	9				1	9	3				6	2	1		4	
			2		3					6					9		8			
						7	2						9	5						
							8	4				6	1							
						1	3						4	2						
			6		3					1					9		6			
	6		7	1	8				9	4	7				7	4	3		5	
				9					8		2					2				
8	1						2	5				6	5						4	7
	9	3				1	7						9	8				1	3	
4	7						8	9				4	2						8	5
				3												7				
	8		9	2	4		1						6		5	3	9		1	
			1		5										8		2			

40

				8												9				
		7	2		4	8								9	2		5	1		
	5	8				3	2						2	8				6	4	
	8			5			7						5			8			3	
2			3		6			4				8			3		7			1
	4			7			6						3			1			9	
	1	9								4								3	5	
		5	8		7				3		6				9		2	4		
				2												5				
							2			8			7							
						5			2		7			8						
							6			3			2							
				5												7				
		9	3		6				8		3				2		5	6		
	8	1								9								9	7	
	6			9			2						2			6			3	
8			2		1			9				9			8		7			6
	9			7			5						1			4			5	
	5	2				7	6						4	2				7	9	
		7	5		2	4								5	4		3	2		
				6												2				

Mild

41

				7	2		6						8		2	3				
		3		1				7				2				4		7		
	8		5														1		5	
		8		6	3			9				8			7	6		3		
1	7		4		8		2	3				5	2		4		3		7	6
5			1	2		4								7		2	8			1
					5										3					
3				9												8				4
	4		3	8					4		6					9	4		2	
								7	8		4	9								
								8	6		3	7								
	2		5	8					2		7					4	7		6	
8				3												2				4
					2										6					
6			7	9		8								3		9	4			5
7	9		6		4		5	2				7	2		5		1		8	3
		5		2	3			6				1			7	8		2		
	4		3														2		3	
		6		7				5				3				1		8		
				5	9		1						1		9	3				

42

				4	2	9		6				9		6	4	8				
		6	8														2	6		
	4					7		2				4		1					7	
	9		7	1				4				3				4	5		6	
1			2		5			9				5			6		3			8
6				9	3		1						7		2	9				1
9		1						3		1		8						3		9
					7										3					
2		8	9	3		1								3		6	1	4		7
									6		2									
						3								4						
									7		5									
2		4	9	1		8								1		7	8	6		4
					4										1					
1		5						9		5		7						2		5
4				5	9		1						3		6	4				9
7			6		1			4				5			3		2			8
	1		7	4				3				9				8	7		3	
	8					1		7				2		5					7	
		1	5														4	5		
				2	7	3		5				1		3	8	2				

Mild

43

	4			8			1						3			8			6	
		2	6	1	4	3								6	4	1	7	2		
		1	5		7	2								3	1		9	8		
	7	4				6	3						2	5				6	7	
		9	8		3	4								1	6		5	3		
		5	3	9	2										8	9	6	7		
	3			7						7						5			8	
									4	5	2									
								6	8		7	5								
							3	1				2	9							
								5	9		1	4								
									3	1	9									
	8			7						6						7			6	
		4	6	8	1										8	5	4	9		
		2	1		4	5								9	5		3	2		
	9	1				8	6						6	3				7	4	
		6	8		9	7								2	7		9	8		
		3	7	4	6	1								6	1	8	7	4		
	6			9			3						8			2			3	

44

	4						7						5						8	
2		1				5		6				7		3				4		2
	8		4		1		3						1		7		6		5	
		2	1		9	4								7	6		3	5		
		8	6		2	9								6	1		2	3		
	2		3		4		9						3		4		9		1	
4		7				3		5				1		4				2		9
	9						1		2		5		7						4	
								1	3		4	9								
								2	9		6	7								
	5						3		7		8		5						3	
3		8				2		9				6		7				2		5
	6		3		5		4						9		5		6		8	
		2	7		4	8								8	4		7	1		
		5	1		3	6								4	1		8	6		
	1		6		2		8						7		3		4		2	
8		3				4		5				1		9				8		3
	9						1						2						7	

Mild

45

		5		7		1								5		6		1		
	1		5		9		2						9		7		1		5	
9								3				8								4
	9			2			4						8			1			4	
5			9		7			8				6			9		3			2
	8			5			6						3			5			6	
4								1		6		3								1
	3		6		2		5		9		2		6		2		8		9	
		1		8		6								8		4		3		
							6			9			8							
						9			1		8			2						
							1			7			9							
		7		9		4								6		5		1		
	6		5		3		2		6		4		3		4		1		2	
1								6		2		8								3
	4			6			1						8			1			6	
7			1		8			9				1			3		7			4
	5			7			3						6			4			7	
2								3				6								5
	7		9		6		4						7		6		8		9	
		3		5		9								3		9		8		

46

		4	6		9	8								9	4		6	3		
6		5		1		4		3				5		4		7		2		1
8				3				1				1				4				8
		3	5		7	9								7	1		3	6		
5				9				7				4				6				5
9		6		2					6		2					2		8		9
		1	9		8					7					8		4	7		
						6				4				3						
								5	7		6	8								
						7				2				1						
		5	1		7					1					9		8	7		
8		4		9					4		3					7		8		2
6				1				2				6				3				5
		1	6		5	4								9	5		6	2		
9				8				6				5				1				8
4		9		7		3		8				4		1		2		3		9
		7	8		4	2								3	6		1	4		

Mild

47

	2	6		7		4	9						2	8		7		5	1	
	4		8		3		7						4		6		5		7	
		5		6		2								9		1		8		
	3		4		1		6						8		2		6		9	
		4		8		9								6		3		1		
	9		2		4		1						9		5		8		4	
	1	3		9		8	2			1			5	4		9		2	3	
									2		6									
								4		2		1								
							3		6		1		7							
								5		9		2								
									9		7									
	7	6		5		4	8			6			3	9		4		6	1	
	1		6		2		9						2		8		7		4	
		1		9		5								3		5		4		
	4		5		1		3						4		1		3		2	
		8		3		9								5		9		1		
	5		1		9		7						6		9		5		3	
	2	9		4		1	6						1	7		8		5	6	

48

4	8						7	3				6	5						4	1
1			5		3			4				8			6		4			7
				4												1				
	5			3			4						3			2			9	
		6	4		2	8								6	5		8	1		
	4			9			1						8			6			3	
				1												7				
8			6		4			1	4		3	2			8		1			3
7	6						8	5		2		3	7						8	2
							4			5			1							
								8	6		4	7								
							5			7			2							
6	9						7	4		6		5	9						4	7
2			8		9			3	5		2	4			9		1			3
				4												7				
	5			6			1						5			6			1	
		1	2		8	3								1	5		4	3		
	8			3			4						7			1			8	
				7												4				
3			6		2			5				7			2		8			1
8	4						3	2				2	1						5	9

Mild

49

	1		6		2		7						2		9		8		6	
3		5				4		2				7		3				1		8
	9						5						6						4	
4				3				7				4				9				1
			4		7										1		7			
6				9				8				2				6				7
	5						6		1		2		7						1	
2		6				1		4				3		2				4		9
	4		1		3		2						9		7		4		3	
						4				9				3						
									4		7									
						8				2				1						
	7		1		2		4						1		9		5		4	
2		8				5		3				9		8				1		5
	1						7		9		8		3						9	
7				1				9				7				9				8
			3		8										8		6			
4				9				5				6				4				9
	5						9						2						3	
8		3				7		2				3		9				5		4
	6		7		4		8						4		5		3		6	

50

				8												9				
	4		2		9		8						7		8		1		4	
			5		1										5		3			
	1	5	4		3	2	9						9	2	6		5	7	8	
8								5				4								1
	7	2	9		8	4	1						5	7	4		2	3	9	
			8		4					4					9		4			
	8		6		2				8		9				1		8		2	
				3					7		3					6				
							6	8	3		2	1	4							
						3								5						
							4	7	6		8	3	9							
				7					5		6					2				
	9		6		8				4		1				5		8		7	
			2		5					3					4		3			
	4	8	5		7	1	6						1	7	3		2	5	9	
5								3				2								6
	2	1	3		4	9	5						9	4	7		6	2	1	
			8		2										1		4			
	3		7		9		1						6		8		7		5	
				6												3				

Mild

Difficult

51

	9	4			7										5			3	6	
3			8	6		5								7		3	9			8
1				4			7						8			2				5
	7							5				2							1	
	5	6				1	8						7	1				9	3	
8							6						3							6
	3			2			1						9			7			2	
		8		1	9	2								3	9	5		4		
			6						6	1	5						8			
								6		8		3								
								1	4		9	2								
								5		3		9								
			4						8	9	2						6			
		1		5	6	7								2	8	9		5		
	9			7			4						6			5			3	
9							2						7							5
	6	3				4	9						9	3				6	8	
	7							8				5							1	
1				6			3						1			3				7
4			7	2		8								5		2	9			3
	8	2			5										7			9	5	

52

			8		1	5								1	2		5			
				7												1				
					2			7				8			6					
2				1		6		3				3		4		6				8
	3		7		5		4						2		8		9		5	
7		9		4				2				9				4		2		3
5			2					8				2					8			4
				8					2	8	9					9				
		4	1		3	2								8	3		6	5		
							5		7		3		4							
							8						7							
							7		5		8		2							
		6	1		7	8								6	8		7	2		
				8					9	3	6					2				
2			9					6				7					3			4
3		7		6				8				6				5		1		9
	1		5		9		6						4		2		9		6	
6				4		7		2				9		8		1				7
					5			1				2			5					
				1												8				
			6		8	3								5	4		6			

Difficult

53

5				8				1				7				8				5
	6			1			5						2			6			3	
			4		9										2		7			
		5				4								6				1		
6	9						3	5				3	8						9	7
		4				8								1				4		
			2		5					5					4		6			
	5			3			1			8			5			3			1	
7				4				6	4		9	8				2				4
								3				7								
						1	7						4	6						
								2				1								
2				8				4	6		8	9				8				7
	4			2			8			3			7			5			9	
			7		4					1					9		2			
		3				1								6				7		
4	1						7	2				7	2						6	8
		6				9								5				1		
			5		8										8		1			
	5			6			1						8			9			2	
9				1				3				3				4				9

54

	6		5			4								9			4		8	
5		1	4			9								5			9	6		4
	2						5	3				2	8						3	
3	7			4												1			2	9
			9		1										9		8			
				6			7	5				9	2			6				
7	1																		5	6
		4			6				8		5				8			3		
		6			8										7			2		
							4		6		3		1							
							5		9		7		4							
		4			1										2			8		
		7			2				3		2				7			2		
9	1																		5	9
				6			7	2				7	8			1				
			8		7										6		7			
1	7			5												8			2	4
	2						8	9				3	5						9	
5		3	9			1								8			1	5		6
	8		5			2								2			6		3	

Difficult

55

	3		1		7		2						9		5		2		6	
9				8				5				4				1				7
		7				8								3				4		
4			8		2			6				3			7		4			6
	8						5						6						3	
3			7		6			2				5			6		8			1
		5							9		7							6		
1				3					4		3					7				5
	6		9		5				5		1				2		6		4	
						1	9	3				4	2	7						
						8	6	4				5	1	3						
	9		7		5				7		5				9		5		3	
1				2					1		2					2				5
		5							8		6							6		
6			4		2			8				7			5		4			8
	5						4						2						6	
7			1		8			5				8			2		7			3
		3				1								5				4		
9				3				4				2				5				7
	7		5		9		6						1		3		8		5	

56

						5		8				9		2						
		4		1		9	2						4	6		2		8		
	8		2				7	1				1	5				9		7	
		1			5										3			5		
	3			4			9						9			4			1	
			9			2								5			2			
5	9				1				9		5				5				9	3
	6	3		8					3		8					7		4	8	
7		8																7		5
						9	7			8			3	5						
									5		3									
						3	8			9			4	7						
7		5																9		3
	8	1		3					8		1					6		1	4	
4	6				1				4		2				2				5	6
			5			1								9			7			
	4			7			6						6			8			9	
		2			8										1			4		
	5		9				7	3				6	9				8		3	
		3		5		8	4						1	4		9		8		
						9		5				8		5						

Difficult

57

Top-left grid:

	7		2				6	
1						8		5
					4		7	
5				7		6		
			9		3			
		2		5				3
	4		1				2	
8		9				4		1
	6				5		9	

Top-right grid:

	7				5		8	
4		9						2
	3		8					
		3		6				9
			7		4			
1				5		3		
	4				3		2	
5		2				4		1
	1		4				5	

Centre grid:

	2		1		9		4	
4		1				5		2
	9						1	
9			2		4			8
				9				
1			7		8			3
	1						8	
3		5				6		9
	7		9		5		3	

Bottom-left grid:

	7				5		1	
6		1				3		5
	3		4				7	
		2		9				6
			6		3			
5				4		2		
					4		2	
2						9		4
	5		7				8	

Bottom-right grid:

	8		1				6	
6		9				3		8
	3				6		9	
8				6		1		
			2		1			
		1		5				3
	2		6					
3		8						4
	4				2		7	

58

3			1	6			4						1			6	5			3
	6					1		8				5		7					8	
			3				6						4				2			
9		8		1												3		1		9
6			9		7			2				3			8		6			7
				8		3		9				1		6		9				
	3				4				7		2				1				7	
7		5																2		8
	8			3	2					1					4	7			1	
						9			6		1			7						
								7		3		9								
						2			8		9			5						
	4			5	9					6					8	6			1	
1		7																5		8
	5				7				5		3				2				6	
				2		8		6				4		9		8				
2			1		5			7				6			5		9			1
3		9	4													7		9		2
			6				1						4				7			
	1					2		8				9		2					5	
9			2	7			5						3			1	2			9

Difficult

59

9	5	2	4				8						6				3	9	5	4
4						1		5				5		2						8
8				3			9						9			8				2
5			1	4												7	1			3
		1	3	6	5	9								3	4	6	2	5		
				7	9			8				8			9	3				
	7			9												2			3	
1		4								6								8		7
	3				1										7				9	
									2		5									
							9			7			5							
									8		3									
	1				3										1				9	
8		7								4								5		2
	3			6												9			3	
				3	5			7				7			2	5				
		9	6	7	2	4								9	7	1	4	8		
3			1	4												6	9			4
1				8			2						3			8				6
7						6		1				4		1						3
6	9	8	3				5						2				5	1	4	7

60

				3		1		6				8		6		9				
	6		5	2												8	2		5	
		5			4			2				3			4			6		
	9		4			6								3			8		6	
6	5						2	7				2	1						3	5
		4			7		1						6		1			7		
8			7														9			6
				4	6				4		9				7	2				
5		3		9												4		8		1
							8			6			7							
									7	3	4									
							4			9			6							
8		3		4												7		9		4
				3	6				8		3				3	8				
9			5														5			6
		5			8		7						8		7			5		
1	8						4	6				7	1						6	2
	2		1			9								3			4		8	
		4			2			1				9			4			3		
	1		4	9												1	2		7	
				7		8		4				8		2		6				

Difficult

61

9				2				8				3				8				2
		1				2								8				1		
	2		7		6		1						9		7		3		8	
		7		3		1								7		2		9		
5			9		2			3				8			5		4			3
		2		4		5								5		1		8		
	8		4		3					9					9		5		6	
		5																3		
6				9					5		7					3				8
								6		3		4								
						2			1		6			5						
								8		7		9								
2				8					7		8					7				9
		4																7		
	8		6		9					1					4		9		1	
		3		4		8								6		8		9		
4			8		2			5				2			1		4			5
		1		3		2								1		3		4		
	5		9		4		6						4		5		3		8	
		9				7								8				6		
6				7				9				3				6				4

62

	7		5	9			3						5			9	7		4	
8					4			7				3			6					1
			8	7												1	8			
6		5					8						2					6		5
4		1		6		5		9				7		8		6		4		2
	8					1		6				5		4					7	
				2	9					6					1	8				
5			3						3	1	2						2			4
	1			8	5										7	5			3	
							2						8							
						5	8			9			6	2						
							4						3							
	4			6	9										3	5			6	
1			3						7	8	1						2			4
				5	4					2					7	4				
	3					7		5				2		4					3	
5		8		4		3		9				7		9		3		2		8
4		9					8						6					4		7
			8	1												6	3			
9					5			8				8			2					6
	5		4	9			1						7			8	1		9	

Difficult

63

			3				8						2				5			
		3		6	9			2				1			3	7		9		
	5	1	4														1	2	3	
8		9					1						4					1		3
	3						7						6						5	
	4					5		3				2		1					7	
					7					4					5					
9			5	4						2						6	7			1
	6				1				1		8				8				4	
								7				1								
						6	1			8			9	3						
								3				5								
	5				6				4		7				6				3	
1			3	4						1						1	9			2
					1					5					8					
	4					2		3				8		9					7	
	6						4						5						4	
7		1					5						4					2		8
	8	3	4														8	5	1	
		7		8	5			4				7			4	2		6		
			9				6						8				3			

64

	4			7		6		2				7		9		6			5	
2	7				6										2				1	3
			2					7				2					4			
		7		8			3						3			8		9		
4			3		7			8				4			5		9			8
	3			1		7								6		2			3	
9					8			4	3		8	5			3					9
			1				5						9				8			
6		8		2		9								8		1		2		5
						5			9		6			4						
										1										
						1			5		7			6						
3		5		9		4								3		6		1		9
			5				2						6				7			
8					4			5	6		2	1			3					6
	5			1		2								4		1			6	
2			4		5			7				5			9		6			2
		1		2			5						7			3		9		
			9					1				9					3			
1	7				8										6				9	3
	6			7		8		9				3		5		8			4	

Difficult

65

	1						6						4						6	
4				1				7				8				2				4
		6	5		7	2								6	4		1	3		
		9		4		5								7		4		2		
	7		1		3		9						9		2		3		1	
		2		8		6								8		5		4		
		8	3		9										5		6	7		
3				5						6						8				1
	2								2		5								8	
								3		1		8								
							4		9		8		2							
								7		3		6								
	4								8		1								7	
5				2						2						3				8
		9	7		4										2		6	1		
		5		1		4								3		8		2		
	2		4		8		5						4		1		5		6	
		7		3		6								2		7		9		
		2	9		5	1								4	7		8	3		
1				7				8				7				4				2
	6						3						8						9	

66

		5		6		7								8		4		5		
	1		4		7		9						7		5		2		4	
9								8				4								2
	2		7		6		3						5		6		1		3	
6				3				1				2				7				5
	3		9		1		8						9		8		4		2	
7										6										6
	9		1		5				7		2				1		6		7	
		3		4												9		8		
							3		6		4		1							
						5				2				8						
							2		1		8		3							
		6		4												5		6		
	1		7		5				5		9				3		2		4	
5										7										2
	4		2		1		6						4		6		9		8	
8				5				7				6				2				3
	5		6		9		2						3		4		7		2	
1								5				4								9
	8		3		7		4						9		5		4		1	
		4		9		1								8		1		2		

Difficult

67

	2	9				3	4						1	3				2	5	
4			9		1			2				6			5		2			1
6								8				8								4
	6			8			7						3			2			1	
			6		4										9		8			
	4			5			1						9			6			4	
2								5				9								3
5			7		6			4	2		3	7			4		3			9
	1	6				2	9						8	4				5	7	
							4			7			1							
									4		8									
							2			6			9							
	6	8				4	1						3	6				2	9	
1			4		3			2	1		6	5			1		2			3
4								6				1								6
	1			5			4						2			3			6	
			2		1										6		5			
	5			4			9						1			4			8	
5								4				2								8
7			6		8			5				3			5		4			2
	3	9				7	2						8	1				5	4	

68

		2	4		1	8								4	2		5	6		
			7		5										3		1			
7								5				6								1
9	2			4			3	6				1	5			7			8	3
			3		2										4		2			
4	6			5			7	1				4	9			1			6	7
2								3	2		9	8								6
			2		3				7		3				1		3			
		4	5		6	9								7	6		4	8		
						8	3			2			1	6						
									4		1									
						6	4			3			9	2						
		1	6		3	4								3	9		7	8		
			9		1				3		4				3		6			
9								2	8		5	6								5
7	1			9			4	3				8	1			7			3	6
			3		4										1		2			
3	2			8			6	5				7	4			6			2	8
5								4				5								4
			5		6										8		5			
		9	8		2	1								6	7		4	9		

Difficult

69

	3				5		4						3		8				5	
2					4			7				2			4					6
				2		6								9		3				
				1			8	6				6	8			7				
		2	3		6	9								4	3		1	5		
4	7			8												2			7	1
		4		6												4		7		
1			4					8				1					9			8
	2		7				1		8		2		9				8		4	
								6	1		3	7								
										8										
								3	5		9	6								
	8		2				7		2		5		1				4		9	
9			1					5				4					6			5
		2		5												7		1		
6	2			8												6			5	9
		7	9		1	8								2	9		3	4		
				2			9	7				9	3			1				
				3		1								1		4				
7					4			2				6			2					7
	1				6		4						2		7				8	

70

		8				4								6				8		
			3		9										7		9			
4			2		6			9				5			3		2			9
	6	3		9		1	7						3	8		4		5	1	
			7		3										2		6			
	2	7		6		3	4						6	7		5		9	2	
3			9		1										6		3			8
			8		4				4		5				5		1			
		5							6		8							6		
							4	3		9		8	6							
									7		6									
							9	6		5		7	2							
		1							3		9							7		
			4		1				5		1				5		4			
4			2		7										1		3			5
	1	4		2		5	9						5	4		2		6	8	
			9		5										7		9			
	9	2		1		6	3						8	9		5		3	7	
2			1		3			5				9			6		5			4
			5		4										8		2			
		3				1								3				5		

Difficult

71

				6	1			5				5			2	8				
						7								8						
		2	8	9			4						9			3	7	5		
		1		8				3				7				1		9		
2		8	1		9	4		7				8		9	5		3	2		4
9				7		8								3		6				7
	6			4	8	3	1						8	7	3	5			2	
		3				6								5				4		
7			2	3					4		3					4	9			8
								5	2		9	7								
								7	3		1	8								
6			9	7					8		7					7	6			8
		2				8								4				6		
	5			8	2	7	3						6	8	3	1			4	
2				6		5								2		8				7
4		7	8		9	2		3				7		1	6		5	9		2
		8		4				7				5				9		4		
		9	5	2			4						9			2	8	1		
						6								7						
				3	7			5				6			7	4				

72

		9	5		1	7								6	1		5	9		
	1						9						7						2	
3				9				8				1				3				4
4			9		5			1				2			6		8			7
		1				8								4				8		
5			6		8			7				5			4		9			6
6				5				2	9		8	6				9				2
	4						8						2						1	
		5	3		2	6				2				8	7		2	5		
						8			7		1			4						
								1				3								
						3			6		4			5						
		8	2		9	7				6				2	7		9	5		
	3						4						6						8	
7				5				3	2		5	7				3				2
5			4		6			1				6			5		4			9
		3				6								5				2		
4			3		8			9				9			6		2			8
1				9				6				1				4				7
	9						5						8						3	
		6	7		1	3								7	2		6	1		

Difficult

73

			4		5										5		2			
		1		7		6								3		7		6		
	7			1			9						1			4			7	
9			6		7			1				7			8		6			9
	6	7				9	4						6	9				4	2	
2			9		1			7				3			4		5			8
	3			8					1		7					1			5	
		5		9						2						6		1		
			2		3					4					3		7			
						5			7		2			6						
							2	7				3	1							
						4			9		8			5						
			9		3					7					4		6			
		1		5						5						2		8		
	3			4					4		1					9			4	
1			4		7			8				7			1		4			2
	5	4				2	1						4	2				9	5	
8			5		2			9				3			2		9			7
	1			8			5						8			3			9	
		9		2		1								4		8		7		
			1		4										6		5			

74

	4		8		6		2						6		8		4		7	
6		2		9		4		8				2		1		3		9		4
	3						6						3						8	
2			7		3			4				3			5		2			8
	5						1						4						1	
9			5		4			6				5			4		1			2
	8								3		1								6	
5		4		8						8						5		7		3
	2		4		1										7		9		4	
						5			7		3			6						
							8						1							
						2			8		9			7						
	1		7		8										4		5		2	
6		8		3						3						9		8		3
	2								5		4								5	
7			3		1			4				1			7		6			9
	3						1						4						8	
8			5		9			3				2			1		8			5
	7						9						1						3	
1		9		6		3		5				3		7		8		5		1
	5		9		4		8						8		5		1		7	

Difficult

75

				1												2				
	6		5		4		8						3		5		7		6	
		2	9		3	4								1	4		6	2		
	9	3				2	4						4	8				7	9	
6								7				7								8
	8	5				6	1						2	6				3	1	
		4	2		1					8					1		8	9		
	1		8		6				2		9				9		2		3	
				3					3		5					5				
							9	8				2	5							
						5								6						
							1	3				4	8							
				8					9		1					4				
	6		5		4				6		7				7		2		5	
		3	7		2					2					8		1	2		
	1	8				2	9						9	1				7	6	
9								7				2								3
	4	7				5	3						3	5				9	2	
		6	3		8	9								2	6		4	8		
	3		2		7		4						5		2		3		9	
				1												1				

76

		4	8														5	6		
	2			7			3						5			8			3	
9			5		1										6		3			7
8		9		4		7								9		3		8		5
	7		6		8		9						6		8		9		1	
		6		1		2		8				2		4		5		3		
			1		4										7		1			
	4			5			2						4			2			9	
					2				9	2	3				3					
								4	5		2	9								
								2		6		8								
								1	7		8	3								
					9				3	9	7				9					
	8			6			4						3			2			6	
			8		5										7		6			
		7		1		8		4				7		8		9		6		
	1		6		7		3						4		1		3		2	
6		5		3		7								2		6		1		8
7			1		6										4		9			1
	6			5			2						5			1			9	
		4	2														8	2		

Difficult

77

2	4						9						5						3	6
1		5	3			2		6				4		6			7	5		2
	3				9		4						2		5				4	
	5			2		6								4		8			2	
			6		3										4		9			
		1		9			5						7			6		1		
	2		9				1						3				1		5	
9		4			2	7		3	1		5	8		9	6			2		1
	7						2	9				5	6						9	
							8		5		9		1							
							3		7		8		5							
	3						7	1				6	9						7	
6		7			3	9		8	6		1	7		3	6			8		4
	1		5				4						8				4		3	
		6		5			3						6			7		4		
			3		2										4		3			
	9			7		8								2		8			5	
	8				5		1						7		2				9	
7		5	9			4		3				2		8			6	7		1
3	6						8						1						6	5

78

	2		5		3		7						1		2		6		9	
5			9		1			6				3			7		1			8
				7												4				
1	9						6	3				4	2						7	1
		7				1								5				4		
4	6						8	2				9	8						2	3
				2					7		1					6				
3			7		6			8	2		3	6			5		8			2
	5		4		8		3			8			5		3		7		6	
						5	7						9	6						
								6				5								
						1	4						8	3						
	7		1		9		6			1			7		2		9		6	
3			2		7			5	3		2	9			5		4			2
				8					5		4					6				
5	9						4	6				7	4						5	8
		7				8								6				3		
8	2						7	9				2	1						7	6
				1												4				
2			5		4			8				8			7		1			9
	8		3		2		5						3		6		8		2	

Difficult

79

	2			4			3						2			1			4	
5		4	6		3	2		9				5		3	2		6	7		1
	3						1						9						6	
	5			1			9						3			7			9	
7			3		8			4				9			3		1			4
	6			7			2						1			8			2	
	8									7									3	
9		6	1		4				1		3				9		5	8		2
	4			5												6			5	
							7			5			1							
						8			3		7			5						
							3			6			2							
	5			7												7			4	
2		6	1		3				5		2				9		5	8		3
	4									8									7	
	6			3			7						4			2			1	
8			2		7			3				1			8		3			5
	9			8			6						8			6			3	
	2						8						1						9	
5		9	8		6	7		1				3		9	6		4	2		7
	8			9			3						7			3			5	

80

	4		6		9		3						2		3		6		9	
5								9				8								6
			1		8										5		7			
9		4		3		5		7				7		6		3		9		8
			4		1										6		2			
2		3		8		1		4				3		2		4		7		1
			9		3				6		2				2		4			
6																				4
	3		7		5				8		3				8		9		5	
						7		6		8		4		3						
									7		9									
						1		5		6		7		2						
	3		2		9				1		5				1		3		4	
2																				1
			5		1				9		6				4		8			
1		9		2		7		5				7		8		4		3		2
			7		5										9		1			
7		6		3		4		2				2		4		8		1		6
			8		4										7		2			
6								4				9								4
	4		6		3		5						8		5		4		2	

Difficult

81

			1		3			
		2				1		
	6		2		5		9	
6		9		4		2		7
			6		7			
1		4		9		5		3
	9		5		8		7	
		7				8		
			7		4			

			7		5			
		2				6		
	8		4		1		5	
4		5		8		7		3
			3		2			
2		8		7		4		1
	5		2		7		4	
		6				1		
			6		3			

	7		3		4		5	
8								6
			7		6			
5		1		9		6		2
			5		8			
4		8		3		5		7
			6		9			
2								5
	4		2		3		1	

			6		4			
		5				2		
	1		3		5		4	
4		8		1		3		9
			5		9			
5		9		8		6		7
	9		1		8		7	
		3				8		
			2		6			

			9		8			
		5				9		
	1		2		7		6	
4		2		9		5		6
			7		5			
1		7		2		8		9
	3		1		9		8	
		9				4		
			5		6			

82

				7		2								2		3				
	6	4		9												1		6	2	
	3		2					4				7					5		4	
		9	8	1												7	6	2		
7	4		3		5		1	6				2	6		5		8		9	7
				6	4	7								4	1	2				
8					2			1		2		5			3					1
				4			2						8			5				
		2		5		8								6		9		3		
									9		4									
						4								3						
									7		8									
		9		2		3								2		1		4		
				6			1						3			4				
2					3			7		6		1			6					8
				7	6	1								7	9	8				
7	1		4		8		6	9				2	1		4		5		8	9
		5	2	9												2	1	7		
	6		7					3				3					4		7	
	9	8		5												6		8	2	
				1		8								5		9				

Difficult

83

Top left

	3	9						
8					9	4		
1			7	8			3	
		6		2	3		7	
		7	1		6	3		
	8		5	4		9		
	2			3	1			
		5	6					

Top right

						5	7	
		5	1					4
	1			8	5			2
	3		9	5		4		
		2	8		4	9		
		1		2	7		5	
			5	4			6	
					3	2		

Centre

			7		8			
			4		1			
7	8		9		4		5	2
4	1		3		6		9	8
			6		2			
			8		9			

Bottom left

		6	8					
	1			5	4			
	2		9	6		7		
		3	4		7	2		
		4		2	8		5	
1			5	3			9	
3					2	4		
	8	7						

Bottom right

					3	5		
			4	7			9	
		9		8	7		2	
		2	9		1	7		
	6		5	4		3		
	7			9	4			2
		6	2					4
						9	5	

84

				5	9	1								5	1	3				
		8		3												9		2		
	6		1					5				3					8		7	
		3	5		1			7				4			5		7	8		
9	5			8			1	4				2	8			1			4	5
2			9		4	5								7	3		4			6
1					3			6		9		7			2					4
				9					7		5					5				
		5	4	1		7								1		7	3	6		
							4						8							
						1								4						
							2						7							
		6	2	3		9								3		2	6	1		
				7					8		1					3				
2					1			4		3		6			4					8
8			1		5	4								9	8		7			6
4	6			2			3	5				1	8			5			3	7
		1	3		9			8				5			3		9	2		
	2		9					1				7					2		4	
		7		1												4		7		
				5	6	8								5	7	9				

Difficult

85

5				8		7								8		2				9
	1				5										4				8	
			3	4		6		1				1		7		3	6			
		9					3						3					4		
6		3				2		4				8		9				3		2
	5					9								6					9	
8		2		5	6			9		6		2			7	5		9		3
			2				4			7			1				2			
		4		3		5		8	1		9	7		3		8		2		
								7				5								
						9	1						4	7						
								2				8								
		7		3		2		4	8		7	6		9		5		4		
			7				8			5			7				6			
8		3		4	2			1		2		4			2	3		6		7
	2					4								3					5	
7		1				9		6				5		1				7		2
		4					2						4					9		
			9	8		3		7				2		5		8	9			
	3				6										5				6	
1				2		8								7		6				9

Samurai Su Doku

86

		7		6		9	3						5	3		1		2		
			9					7				7					5			
8		6						4				4						8		3
	4			5												2			3	
3			4		2			6				3			8		7			9
				8			7						2			6				
6						8		2	5		9	1		7						2
9					1			3				9			1					8
	7	2		4		6	9						8	5		9		3	1	
						4			2		1			9						
										8										
						1			3		5			8						
	7	5		4		3	1						7	4		2		5	1	
1					6			4				5			7					6
6						5		9	7		3	6		2						4
				7			9						4			6				
3			1		4			8				1			2		3			9
	9			2												9			2	
4		2						1				9						3		5
			7					3				7					4			
		9		3		8	5						5	6		3		1		

Difficult

87

	8				9		7						5		4				2	
3		7	2			8		9				6		3			7	5		8
	2	6					5						4					3	9	
	7			9				5				4				5			3	
			4		6										2		4			
1				5			4						2			6				9
	5					2	3						8	4					1	
6		8			2	4		1		8		2		5	6			9		4
	1		9				8						6				5		7	
									7		9									
							6						5							
									5		4									
	8		7				5						7				3		6	
1		9			3	7		2		9		6		8	7			5		3
	5					6	1						9	3					2	
4				1			9						5			6				8
			4		6										4		1			
	2			5				3				3				5			1	
	9	6					2						6					9	5	
7		3	2			1		5				9		1			5	3		4
	1				5		3						3		2				7	

88

			2		8										9		8			
		8	6		9	3								6	1		2	5		
	2			7			1						4			6			1	
4	8						7	1				3	6						9	4
		3				4								4				6		
5	7						6	3				5	1						2	8
	9			2					2		7					8			5	
		1	5		7				6		9				5		4	3		
			1		6					4					7		3			
						7	9						3	2						
								5				9								
						3	6						4	8						
			1		9					2					5		4			
		3	5		6				9		8				2		6	4		
	6			3					3		1					9			7	
3	4						6	8				7	4						1	3
		2				4								5				7		
6	5						1	2				9	3						8	5
	7			2			5						7			6			2	
		1	9		4	8								6	1		7	8		
			3		8										4		5			

Difficult

89

		1		8		2								8		6		7		
			3		2										4		2			
6			4		9			5				7			3		8			6
	2	6				9	8						3	6				8	5	
5								2				4								9
	1	9				5	4						2	1				6	3	
1			7		3			4		1		3			5		1			8
			1		5				9		7				8		6			
		3		6		7			2		3			9		3		4		
							4	2				9	8							
						5								7						
							6	7				5	1							
		4		9		8			5		4			1		8		7		
			8		4				6		9				6		9			
6			1		5			9		8		7			4		1			8
	2	5				1	4						4	9				2	3	
7								2				5								6
	6	9				5	8						6	7				8	4	
9			4		8			1				6			5		8			7
			9		3										7		4			
		1		2		9								4		3		1		

90

8				6		7		5				4		7		2				9
	9	4		2												1		8	5	
	6		3					4				3					7		1	
		6			5										8			2		
2	4						8	1				1	7						9	4
			6			5								2			9			
4					9			6	9		4	5			4					6
				3			5			7			3			5				
9		7		5		1		3				7		6		8		5		3
						2								5						
							3			8			4							
						4								2						
3		2		7		6		4				2		3		8		9		1
				3			1			9			6			9				
1					5			8	5		6	9			2					8
			7			4								6			5			
2	9						8	3				7	2						9	3
		3			2										4			2		
	3		6					9				5					8		6	
	1	5		2												3		5	8	
9				8		7		1				8		2		6				4

Difficult

Super Difficult

91

4			1		9			3				1			2		8			6
				7												4				
		2	6		8	5								4	9		7	3		
2		1				9		4				2		8				5		1
	9						2						1						7	
6		4				7		1				9		7				4		8
		6	2		7					3					6		4	1		
				3					7		2					1				
8			4		5										8		5			7
							5						8							
						8				6				5						
							2						9							
3			9		8										7		3			1
				4					8		4					5				
		9	3		6					9					6		4	7		
1		6				4		7				3		5				9		7
	9						1						7						6	
8		7				3		2				8		2				3		4
		1	8		5	6								6	8		5	2		
				3												9				
5			7		2			4				2			4		1			6

Samurai Su Doku

92

		3		2		5		
	6				1		8	
5			3					6
		1	2	7			9	
3			1		5			7
	7			8	9	1		
1					7			
	3		5					
		6		1				

		4		9		6		
	5		2				4	
8					4			1
	2			8	9	7		
3			1		6			4
		9	7	5			8	
			9					8
					1		9	
				7		5		

			8		1			
		5	7		2	3		
				8				
		2	6		9	4		
			9		3			

		2		9				
	6		5					
1					8			
	4			8	2	1		
2			7		4			5
		8	9	5			7	
6			2					1
	2				5		9	
		5		6		7		

				7		3		
					3		1	
			4					8
		7	6	3			2	
9			2		5			7
	3			9	4	6		
2					1			3
	9		3				4	
		6		2		5		

Super Difficult

93

		3		2		9								3		6		2		
			4		1										7		5			
1			8		5			4				4			9		3			6
	8	1				5	3						1	2				6	3	
9								2				3								5
	6	5				4	1						6	4				9	8	
6			1		2				6		9				5		4			3
			6		3					3					3		8			
		7		5					5		4					1		7		
						8		3				5		2						
							6			2			8							
						2		9				4		6						
		2		5					2		5					8		4		
			8		4					1					3		4			
7			3		2				8		3				9		1			8
	4	1				8	2						2	8				1	5	
9								3				5								4
	2	5				7	4						9	3				8	6	
1			2		7			5				9			2		6			5
			6		9										7		8			
		6		8		1								2		9		6		

94

	3			2				7				5				9			7	
8			5				1						4				6			9
					6										7					
	7			6		3								8		5			3	
2			9		7			6				9			2		4			1
		5		1			4						7			3		9		
			6							6	2						2			
	2				3					9					3				8	
1				5					7	1						8				6
								9	4			5	6							
						5		3				1		2						
							1	7			3	4								
6				8						3	5					5				9
	5				7					2					6				2	
			3						6	4							4			
		4		2			3						6			9		2		
2			6		3			7				5			7		1			8
	6			5		9								9		6			4	
					9										2					
9			1				6						7				9			5
	1			7				9				3				4			7	

Super Difficult

95

		4				6								3				6		
				3												2				
6		9	1		8	3		5				9		2	8		5	4		3
		2		8		9								4		1		9		
	9		4		2		1						6		5		4		8	
		1		7		4								7		3		5		
8		5	2		3										6		7	3		5
				4						9						5				
		3							4		6							7		
								6		1		5								
							7		2		3		1							
								3		8		9								
		3							7		8							3		
				9						4						1				
1		9	5		2										2		4	6		5
		6		3		5								6		7		9		
	9		1		6		2						7		8		2		4	
		5		7		8								5		4		7		
8		7	4		9	2		5				7		2	5		3	1		6
				1												2				
		1				7								9				2		

96

7			9		4			6				3			5		2			8
		1	6		2	3								1	9		7	3		
5		9	3		1	6		7				1		3	7		5	8		4
1		6	8		5	9		3				5		7	4		3	1		6
		4	1		3				3		2				3		9	2		
9			5		6				7		1				8		6			1
						5		2	4		7	8		1						
						6		3	1		8	9		5						
5			8		3				6		4				1		9			6
		9	5		7				5		3				7		8	3		
9		1	7		4	2		8				6		7	5		2	9		1
8		4	1		9	6		3				9		2	3		4	6		8
		3	9		8	5								5	4		6	8		
2			3		5			1				3			9		5			7

Super Difficult

97

5	1			7			9						3			9			6	5
6			9					4				5					2			8
						8								8						
	6		4	9												6	7		9	
2			1		7			6				8			2		9			6
				2	8		3						9		3	8				
		6								1								2		
4					6			1	2		3	9			8					7
	7			8			6	3				2	8			4			3	
							5		1		8		7							
						1								3						
							7		6		2		5							
	1			5			4	9				7	3			2			4	
4					8			2	3		7	4			5					8
		6								4								6		
				1	6		9						7		8	5				
9			3		2			5				6			9		7			5
	6		5	8												1	2		9	
						4								5						
7			8					6				3					4			7
8	3			2			5						4			6			3	2

98

		5		6		8								3		9		8		
			9		4										4		1			
9				3				5				8				7				2
	9		2		3		4						7		3		9		5	
6		2				7		8				5		6				2		9
	7		5		6		1						8		2		5		1	
1				9						4						3				4
			3		1				5		8				7		6			
		9		2						7						2		5		
							9		2		4		7							
						8		6				1		2						
							1		3		6		4							
		3		7						6						2		9		
			8		6				8		1				1		4			
8				3						2						9				1
	4		6		3		1						3		7		5		8	
7		8				6		5				4		7				1		5
	2		9		7		8						5		9		1		2	
3				2				6				9				8				2
			3		5										5		6			
		5		6		1								5		1		8		

Super Difficult

99

Top-left grid

	2						9	
9				1				7
			4		8			
		4		5		8		
	8		9		2		7	
		2		3		9		
			7		5			
8				4				2
	4						1	

Top-right grid

	7						2	
9				1				5
			6		2			
		2		7		6		
	5		2		9		4	
		3		6		1		
			7		4			
3				8				4
	4						6	

Centre grid

		2		4		3		
	1		3		9		4	
		1		8		9		
	6		7		5		8	
		7		3		4		
	7		5		8		9	
		5		6		7		

Bottom-left grid

	2						7	
1				9				5
			2		4			
		9		7		2		
	6		4		5		8	
		1		8		5		
			1		3			
3				5				8
	4						1	

Bottom-right grid

	9						7	
7				9				2
			8		3			
		9		6		2		
	4		2		1		5	
		3		5		6		
			3		9			
3				2				5
	1						3	

100

Top-left grid

		6			1			
			2	6		9		
4							8	
	5		4	7				9
	7		9		8		3	
8				1	6		7	
	1							
		7		3	5			
			7					

Top-right grid

			9			4		
		2		5	6			
	4							2
1				4	5		8	
	3		1		7		6	
	2		6	8				4
							7	
			2	3		6		
					1			

Centre grid

			9		6			
			4		5			
4	8		3		7		9	2
				5				
9	6		1		4		5	8
			5		1			
			6		2			

Bottom-left grid

			3					
		5		7	9			
	6							
4				9	1		5	
	7		6		5		3	
	1		8	3				4
1							8	
			7	8		9		
		3			2			

Bottom-right grid

					9			
			4	8		6		
							7	
	7		5	3				8
	6		1		7		9	
4				6	8		5	
	8							1
		4		1	5			
			2			9		

Solutions

1

4	7	1	2	5	9	3	6	8				5	8	3	1	6	9	4	7	2
6	5	9	3	4	8	7	2	1				2	6	1	4	5	7	8	3	9
8	2	3	6	1	7	4	9	5				9	7	4	8	2	3	1	5	6
5	8	4	9	6	1	2	7	3				7	4	8	2	3	5	9	6	1
2	1	6	7	8	3	5	4	9				1	3	5	9	4	6	7	2	8
3	9	7	4	2	5	8	1	6				6	2	9	7	8	1	5	4	3
9	6	8	5	7	2	1	3	4	6	9	7	8	5	2	3	9	4	6	1	7
7	3	5	1	9	4	6	8	2	3	5	1	4	9	7	6	1	2	3	8	5
1	4	2	8	3	6	9	5	7	2	8	4	3	1	6	5	7	8	2	9	4
						7	4	9	1	2	3	6	8	5						
						8	2	6	5	4	9	7	3	1						
						3	1	5	7	6	8	2	4	9						
2	7	9	1	3	5	4	6	8	9	1	2	5	7	3	1	2	6	9	4	8
1	4	6	7	2	8	5	9	3	8	7	6	1	2	4	8	9	3	5	6	7
3	5	8	4	6	9	2	7	1	4	3	5	9	6	8	7	5	4	3	1	2
4	1	5	3	9	7	8	2	6				4	1	9	3	8	2	7	5	6
6	8	7	2	4	1	3	5	9				8	5	6	9	7	1	2	3	4
9	2	3	8	5	6	1	4	7				2	3	7	4	6	5	1	8	9
5	3	1	9	7	4	6	8	2				7	4	1	2	3	8	6	9	5
7	6	2	5	8	3	9	1	4				6	8	2	5	1	9	4	7	3
8	9	4	6	1	2	7	3	5				3	9	5	6	4	7	8	2	1

2

3	9	1	2	5	8	7	4	6				7	3	9	2	6	1	5	8	4
2	7	5	4	9	6	1	8	3				2	6	5	4	8	7	3	1	9
8	4	6	3	7	1	2	5	9				4	8	1	3	5	9	7	6	2
6	3	4	1	8	7	5	9	2				5	2	3	1	7	6	4	9	8
7	8	2	5	4	9	6	3	1				8	7	6	9	2	4	1	5	3
1	5	9	6	3	2	4	7	8				9	1	4	5	3	8	2	7	6
5	1	8	7	6	3	9	2	4	6	7	1	3	5	8	7	9	2	6	4	1
9	6	7	8	2	4	3	1	5	8	2	9	6	4	7	8	1	3	9	2	5
4	2	3	9	1	5	8	6	7	5	4	3	1	9	2	6	4	5	8	3	7
						5	7	3	2	1	8	9	6	4						
						1	8	6	4	9	7	2	3	5						
						4	9	2	3	6	5	8	7	1						
7	5	2	9	1	3	6	4	8	9	5	2	7	1	3	9	4	5	2	6	8
4	1	6	8	2	5	7	3	9	1	8	4	5	2	6	8	7	1	4	9	3
3	8	9	4	7	6	2	5	1	7	3	6	4	8	9	2	3	6	7	5	1
2	4	3	1	5	9	8	6	7				6	3	2	5	1	4	9	8	7
9	7	8	3	6	2	4	1	5				9	4	8	3	2	7	5	1	6
5	6	1	7	4	8	9	2	3				1	7	5	6	8	9	3	4	2
1	2	7	5	8	4	3	9	6				2	9	4	1	6	3	8	7	5
8	9	4	6	3	1	5	7	2				8	5	1	7	9	2	6	3	4
6	3	5	2	9	7	1	8	4				3	6	7	4	5	8	1	2	9

3

6	8	2	4	3	7	1	9	5				1	3	5	8	6	2	4	7	9
5	3	4	9	6	1	7	8	2				9	8	7	1	4	5	6	2	3
9	1	7	2	5	8	3	6	4				2	6	4	3	9	7	5	1	8
8	2	3	6	7	5	4	1	9				3	4	1	9	5	8	7	6	2
7	9	5	1	2	4	8	3	6				6	5	9	7	2	4	8	3	1
4	6	1	8	9	3	5	2	7				7	2	8	6	3	1	9	4	5
2	4	8	7	1	6	9	5	3	1	4	6	8	7	2	4	1	9	3	5	6
1	5	6	3	4	9	2	7	8	3	9	5	4	1	6	5	8	3	2	9	7
3	7	9	5	8	2	6	4	1	2	7	8	5	9	3	2	7	6	1	8	4
						5	8	7	6	1	2	3	4	9						
						3	6	2	9	5	4	7	8	1						
						4	1	9	8	3	7	6	2	5						
8	9	3	5	1	6	7	2	4	5	6	1	9	3	8	6	4	7	1	5	2
5	4	7	2	8	3	1	9	6	4	8	3	2	5	7	8	1	3	9	4	6
2	6	1	7	4	9	8	3	5	7	2	9	1	6	4	2	5	9	8	3	7
6	3	2	9	5	1	4	8	7				5	7	1	4	9	2	3	6	8
4	7	5	8	6	2	3	1	9				8	4	2	5	3	6	7	1	9
9	1	8	4	3	7	6	5	2				6	9	3	7	8	1	4	2	5
1	5	9	6	7	8	2	4	3				3	2	6	1	7	8	5	9	4
7	8	4	3	2	5	9	6	1				4	8	9	3	2	5	6	7	1
3	2	6	1	9	4	5	7	8				7	1	5	9	6	4	2	8	3

4

9	1	4	7	8	2	6	5	3				5	1	4	6	3	7	2	9	8
3	5	8	9	6	4	1	7	2				7	6	3	2	8	9	1	5	4
6	7	2	3	5	1	8	4	9				9	8	2	5	4	1	6	7	3
5	8	7	4	1	9	3	2	6				4	5	8	3	1	6	7	2	9
1	4	3	6	2	7	9	8	5				3	2	6	7	9	4	5	8	1
2	6	9	5	3	8	7	1	4				1	9	7	8	5	2	4	3	6
4	2	1	8	9	6	5	3	7	6	2	9	8	4	1	9	2	5	3	6	7
8	9	5	2	7	3	4	6	1	5	3	8	2	7	9	1	6	3	8	4	5
7	3	6	1	4	5	2	9	8	7	1	4	6	3	5	4	7	8	9	1	2
						6	5	4	1	8	7	9	2	3						
						1	8	3	9	6	2	4	5	7						
						7	2	9	3	4	5	1	6	8						
4	6	9	2	3	1	8	7	5	2	9	6	3	1	4	2	8	9	7	5	6
5	3	2	4	8	7	9	1	6	4	5	3	7	8	2	3	6	5	1	9	4
8	7	1	5	9	6	3	4	2	8	7	1	5	9	6	1	7	4	2	8	3
7	4	6	9	5	3	1	2	8				1	4	7	8	2	3	9	6	5
9	5	3	8	1	2	7	6	4				6	3	5	9	4	7	8	1	2
2	1	8	7	6	4	5	9	3				9	2	8	6	5	1	4	3	7
6	9	4	3	7	8	2	5	1				2	6	3	4	9	8	5	7	1
3	2	7	1	4	5	6	8	9				4	7	9	5	1	6	3	2	8
1	8	5	6	2	9	4	3	7				8	5	1	7	3	2	6	4	9

5

3	5	2	9	7	4	1	6	8				7	2	1	5	8	3	9	4	6
9	1	7	3	8	6	4	5	2				3	9	8	4	7	6	2	1	5
4	6	8	1	2	5	9	3	7				4	5	6	9	1	2	8	3	7
2	3	5	7	4	9	8	1	6				5	7	3	6	4	9	1	2	8
1	7	9	8	6	3	2	4	5				9	1	4	8	2	5	7	6	3
6	8	4	5	1	2	7	9	3				8	6	2	1	3	7	5	9	4
7	2	6	4	5	1	3	8	9	5	2	1	6	4	7	2	9	8	3	5	1
8	9	1	6	3	7	5	2	4	6	7	8	1	3	9	7	5	4	6	8	2
5	4	3	2	9	8	6	7	1	4	3	9	2	8	5	3	6	1	4	7	9
						2	4	5	7	9	6	3	1	8						
						7	3	8	1	4	5	9	6	2						
						9	1	6	2	8	3	7	5	4						
5	4	6	7	3	1	8	9	2	3	1	4	5	7	6	9	1	2	8	3	4
8	3	9	4	2	6	1	5	7	8	6	2	4	9	3	5	8	6	7	1	2
1	2	7	8	5	9	4	6	3	9	5	7	8	2	1	3	4	7	6	5	9
3	5	8	1	7	2	9	4	6				9	5	4	8	2	3	1	7	6
6	9	1	3	8	4	2	7	5				7	6	8	1	5	9	4	2	3
2	7	4	6	9	5	3	1	8				3	1	2	7	6	4	9	8	5
9	8	2	5	1	7	6	3	4				6	4	5	2	7	8	3	9	1
7	6	3	9	4	8	5	2	1				2	3	7	6	9	1	5	4	8
4	1	5	2	6	3	7	8	9				1	8	9	4	3	5	2	6	7

6

7	9	1	3	2	5	6	4	8				9	3	7	5	2	8	1	6	4
4	3	5	6	8	9	7	2	1				1	2	4	9	3	6	8	5	7
8	2	6	7	4	1	3	5	9				8	5	6	1	4	7	2	3	9
2	7	8	1	3	4	5	9	6				7	4	5	8	9	3	6	1	2
9	1	4	5	6	2	8	3	7				2	1	3	7	6	4	5	9	8
5	6	3	8	9	7	4	1	2				6	9	8	2	5	1	4	7	3
1	8	9	4	5	6	2	7	3	9	8	5	4	6	1	3	8	9	7	2	5
3	4	7	2	1	8	9	6	5	4	1	7	3	8	2	6	7	5	9	4	1
6	5	2	9	7	3	1	8	4	6	2	3	5	7	9	4	1	2	3	8	6
						3	2	6	7	5	4	9	1	8						
						4	1	9	8	3	6	7	2	5						
						8	5	7	1	9	2	6	3	4						
3	6	5	1	9	2	7	4	8	2	6	9	1	5	3	7	9	6	2	4	8
8	4	1	7	3	6	5	9	2	3	7	1	8	4	6	3	2	1	7	5	9
2	7	9	8	5	4	6	3	1	5	4	8	2	9	7	4	8	5	3	6	1
4	8	2	6	1	7	3	5	9				3	7	2	8	6	9	4	1	5
1	5	7	9	4	3	8	2	6				6	1	9	5	4	7	8	2	3
6	9	3	5	2	8	4	1	7				4	8	5	2	1	3	6	9	7
5	2	8	4	6	1	9	7	3				5	2	1	6	7	8	9	3	4
9	3	6	2	7	5	1	8	4				7	3	4	9	5	2	1	8	6
7	1	4	3	8	9	2	6	5				9	6	8	1	3	4	5	7	2

7

3	7	8	1	9	2	5	4	6				9	6	7	3	8	5	2	1	4
6	5	1	4	7	3	9	8	2				2	3	1	9	7	4	8	5	6
9	2	4	8	5	6	3	1	7				5	4	8	1	6	2	9	7	3
2	1	6	9	3	8	7	5	4				1	5	6	8	3	7	4	9	2
4	9	3	5	6	7	1	2	8				7	8	2	4	9	1	3	6	5
5	8	7	2	1	4	6	9	3				4	9	3	2	5	6	7	8	1
1	6	2	3	4	5	8	7	9	2	6	4	3	1	5	7	4	9	6	2	8
8	3	5	7	2	9	4	6	1	5	7	3	8	2	9	6	1	3	5	4	7
7	4	9	6	8	1	2	3	5	9	8	1	6	7	4	5	2	8	1	3	9
						9	1	7	4	5	6	2	8	3						
						6	5	8	3	9	2	1	4	7						
						3	2	4	7	1	8	5	9	6						
6	1	7	3	4	8	5	9	2	8	3	7	4	6	1	9	2	3	8	7	5
8	5	3	9	2	1	7	4	6	1	2	5	9	3	8	7	5	1	2	6	4
9	2	4	6	7	5	1	8	3	6	4	9	7	5	2	6	8	4	9	1	3
3	4	9	7	8	2	6	1	5				6	7	3	2	1	5	4	9	8
7	6	5	1	9	4	2	3	8				1	8	4	3	9	6	5	2	7
1	8	2	5	6	3	9	7	4				2	9	5	8	4	7	1	3	6
2	9	6	4	3	7	8	5	1				5	1	7	4	3	2	6	8	9
4	7	1	8	5	6	3	2	9				8	2	6	5	7	9	3	4	1
5	3	8	2	1	9	4	6	7				3	4	9	1	6	8	7	5	2

8

5	3	9	2	1	4	6	7	8				3	4	6	5	9	1	7	2	8
8	4	1	7	3	6	2	5	9				7	8	1	4	2	3	6	9	5
2	6	7	5	9	8	3	4	1				2	9	5	7	8	6	1	4	3
1	8	3	4	2	7	5	9	6				4	6	2	1	7	8	3	5	9
6	5	2	9	8	3	4	1	7				5	1	8	6	3	9	4	7	2
7	9	4	6	5	1	8	3	2				9	3	7	2	5	4	8	6	1
4	2	8	1	7	5	9	6	3	7	1	5	8	2	4	3	6	5	9	1	7
3	1	5	8	6	9	7	2	4	9	8	6	1	5	3	9	4	7	2	8	6
9	7	6	3	4	2	1	8	5	2	4	3	6	7	9	8	1	2	5	3	4
						2	5	1	4	9	8	3	6	7						
						6	7	9	1	3	2	4	8	5						
						3	4	8	6	5	7	9	1	2						
7	1	2	4	3	5	8	9	6	5	7	4	2	3	1	4	6	8	9	7	5
5	8	6	1	9	2	4	3	7	8	2	1	5	9	6	1	3	7	4	2	8
3	9	4	6	8	7	5	1	2	3	6	9	7	4	8	2	5	9	3	6	1
1	2	3	7	5	8	6	4	9				1	5	3	9	8	6	2	4	7
8	4	5	9	6	3	2	7	1				6	2	7	3	4	5	8	1	9
9	6	7	2	1	4	3	5	8				9	8	4	7	2	1	6	5	3
4	7	9	5	2	6	1	8	3				4	1	2	8	7	3	5	9	6
2	5	8	3	7	1	9	6	4				3	7	5	6	9	4	1	8	2
6	3	1	8	4	9	7	2	5				8	6	9	5	1	2	7	3	4

9

8	2	4	5	1	9	6	3	7				9	1	5	2	8	4	6	7	3
1	3	6	2	8	7	9	4	5				4	6	3	1	9	7	2	8	5
7	9	5	6	3	4	1	2	8				7	8	2	5	6	3	1	4	9
5	1	2	3	7	8	4	6	9				2	7	6	4	5	9	8	3	1
4	8	7	9	2	6	3	5	1				5	3	4	8	1	6	9	2	7
9	6	3	1	4	5	8	7	2				1	9	8	3	7	2	4	5	6
3	7	8	4	9	2	5	1	6	2	9	3	8	4	7	9	3	1	5	6	2
6	4	9	7	5	1	2	8	3	4	1	7	6	5	9	7	2	8	3	1	4
2	5	1	8	6	3	7	9	4	8	6	5	3	2	1	6	4	5	7	9	8
						4	6	2	7	8	9	5	1	3						
						3	5	8	6	4	1	9	7	2						
						9	7	1	3	5	2	4	8	6						
7	9	2	1	8	4	6	3	5	1	2	8	7	9	4	5	3	6	2	1	8
8	3	6	5	7	2	1	4	9	5	7	6	2	3	8	4	7	1	9	6	5
5	1	4	3	6	9	8	2	7	9	3	4	1	6	5	2	8	9	3	7	4
1	7	8	9	4	6	3	5	2				8	5	2	6	4	7	1	9	3
3	2	9	7	5	8	4	6	1				6	4	3	1	9	2	5	8	7
6	4	5	2	3	1	7	9	8				9	1	7	3	5	8	4	2	6
2	6	3	8	9	7	5	1	4				3	2	1	7	6	4	8	5	9
4	8	1	6	2	5	9	7	3				4	7	9	8	1	5	6	3	2
9	5	7	4	1	3	2	8	6				5	8	6	9	2	3	7	4	1

10

4	3	8	5	6	7	2	1	9				7	8	3	4	6	9	2	1	5
2	9	7	3	1	4	6	5	8				5	4	9	2	8	1	7	3	6
5	1	6	9	8	2	3	7	4				1	2	6	5	3	7	9	8	4
6	5	2	8	7	3	4	9	1				6	5	1	7	2	3	8	4	9
8	4	3	1	9	6	7	2	5				9	3	8	1	4	6	5	7	2
9	7	1	2	4	5	8	6	3				2	7	4	9	5	8	3	6	1
3	8	5	6	2	9	1	4	7	6	5	3	8	9	2	3	1	4	6	5	7
7	2	9	4	3	1	5	8	6	9	4	2	3	1	7	6	9	5	4	2	8
1	6	4	7	5	8	9	3	2	7	8	1	4	6	5	8	7	2	1	9	3
						3	9	4	8	6	7	5	2	1						
						7	5	8	2	1	9	6	4	3						
						6	2	1	4	3	5	7	8	9						
4	2	7	5	3	6	8	1	9	5	7	4	2	3	6	9	1	5	8	7	4
3	8	9	1	7	4	2	6	5	3	9	8	1	7	4	6	3	8	2	9	5
5	6	1	9	8	2	4	7	3	1	2	6	9	5	8	2	4	7	6	1	3
1	5	2	7	6	8	9	3	4				7	9	2	5	6	1	4	3	8
6	7	4	2	9	3	1	5	8				4	6	5	8	9	3	7	2	1
8	9	3	4	1	5	7	2	6				3	8	1	4	7	2	5	6	9
9	1	5	3	4	7	6	8	2				8	4	7	3	2	9	1	5	6
2	4	8	6	5	1	3	9	7				5	1	9	7	8	6	3	4	2
7	3	6	8	2	9	5	4	1				6	2	3	1	5	4	9	8	7

11

8	6	4	3	2	7	9	5	1				7	6	9	5	8	1	4	3	2
2	1	5	9	4	8	6	7	3				1	4	3	6	2	7	5	8	9
9	3	7	6	1	5	8	4	2				5	8	2	4	3	9	7	1	6
4	5	3	2	8	6	1	9	7				9	2	5	1	6	3	8	4	7
1	2	6	5	7	9	3	8	4				8	1	6	7	9	4	3	2	5
7	9	8	4	3	1	5	2	6				4	3	7	8	5	2	6	9	1
3	4	1	8	9	2	7	6	5	8	1	3	2	9	4	3	7	5	1	6	8
6	8	2	7	5	3	4	1	9	5	6	2	3	7	8	9	1	6	2	5	4
5	7	9	1	6	4	2	3	8	4	7	9	6	5	1	2	4	8	9	7	3
						8	9	6	3	2	1	5	4	7						
						3	7	4	9	8	5	1	2	6						
						1	5	2	7	4	6	8	3	9						
4	7	9	2	1	6	5	8	3	1	9	4	7	6	2	8	4	3	5	1	9
6	8	1	5	4	3	9	2	7	6	3	8	4	1	5	2	9	7	8	6	3
3	2	5	7	9	8	6	4	1	2	5	7	9	8	3	1	5	6	2	7	4
8	1	7	6	3	4	2	9	5				1	3	4	9	2	8	7	5	6
9	6	2	8	7	5	1	3	4				8	5	6	7	3	1	4	9	2
5	4	3	1	2	9	8	7	6				2	7	9	5	6	4	3	8	1
2	3	4	9	6	1	7	5	8				3	9	7	6	8	2	1	4	5
1	9	8	4	5	7	3	6	2				6	2	8	4	1	5	9	3	7
7	5	6	3	8	2	4	1	9				5	4	1	3	7	9	6	2	8

12

4	2	9	3	6	7	1	5	8				7	2	8	9	3	4	5	6	1
8	5	3	2	9	1	7	6	4				5	9	3	7	6	1	4	2	8
7	6	1	5	8	4	3	9	2				6	4	1	5	2	8	7	9	3
6	1	5	8	4	3	9	2	7				4	8	9	3	1	5	2	7	6
2	3	4	7	5	9	8	1	6				1	3	6	2	4	7	9	8	5
9	7	8	1	2	6	4	3	5				2	7	5	8	9	6	3	1	4
1	8	6	9	7	2	5	4	3	7	8	6	9	1	2	6	5	3	8	4	7
3	4	7	6	1	5	2	8	9	1	5	4	3	6	7	4	8	2	1	5	9
5	9	2	4	3	8	6	7	1	3	2	9	8	5	4	1	7	9	6	3	2
						1	2	7	9	4	8	5	3	6						
						3	9	5	6	7	1	4	2	8						
						4	6	8	2	3	5	7	9	1						
6	1	4	7	8	3	9	5	2	4	1	7	6	8	3	4	5	7	1	9	2
5	8	2	4	9	1	7	3	6	8	9	2	1	4	5	9	3	2	6	8	7
9	7	3	5	6	2	8	1	4	5	6	3	2	7	9	6	8	1	4	3	5
4	5	1	2	7	9	6	8	3				9	5	2	1	7	8	3	4	6
3	9	6	8	5	4	2	7	1				8	1	6	3	4	5	2	7	9
7	2	8	3	1	6	5	4	9				4	3	7	2	9	6	8	5	1
2	3	5	6	4	7	1	9	8				3	2	4	7	1	9	5	6	8
1	4	7	9	2	8	3	6	5				7	6	8	5	2	4	9	1	3
8	6	9	1	3	5	4	2	7				5	9	1	8	6	3	7	2	4

13

9	5	2	3	4	8	6	7	1				2	9	4	6	5	7	1	3	8
8	6	1	9	2	7	3	5	4				3	1	8	2	9	4	6	7	5
7	4	3	6	1	5	9	8	2				7	5	6	8	1	3	4	9	2
3	1	8	4	7	2	5	6	9				4	7	9	5	6	8	2	1	3
6	9	5	1	8	3	2	4	7				1	6	5	3	2	9	7	8	4
2	7	4	5	9	6	8	1	3				8	3	2	7	4	1	5	6	9
1	8	6	2	3	4	7	9	5	2	4	3	6	8	1	4	3	2	9	5	7
4	3	7	8	5	9	1	2	6	7	9	8	5	4	3	9	7	6	8	2	1
5	2	9	7	6	1	4	3	8	6	1	5	9	2	7	1	8	5	3	4	6
						6	1	2	8	7	4	3	5	9						
						3	7	9	1	5	2	4	6	8						
						5	8	4	3	6	9	7	1	2						
5	7	8	3	6	9	2	4	1	9	3	6	8	7	5	3	9	4	2	1	6
1	2	9	5	4	7	8	6	3	5	2	7	1	9	4	6	7	2	3	8	5
4	6	3	2	8	1	9	5	7	4	8	1	2	3	6	8	1	5	9	4	7
3	9	5	1	7	8	6	2	4				4	6	9	2	5	8	7	3	1
7	8	4	6	9	2	3	1	5				7	2	8	1	4	3	5	6	9
2	1	6	4	3	5	7	9	8				3	5	1	7	6	9	8	2	4
8	4	1	7	2	6	5	3	9				6	8	7	9	2	1	4	5	3
6	3	7	9	5	4	1	8	2				5	1	2	4	3	7	6	9	8
9	5	2	8	1	3	4	7	6				9	4	3	5	8	6	1	7	2

14

9	8	6	1	5	7	4	2	3				7	5	6	3	4	9	2	1	8
7	5	3	9	2	4	8	1	6				4	1	8	6	2	7	9	3	5
2	4	1	6	8	3	7	5	9				3	9	2	1	5	8	4	7	6
6	7	4	8	9	1	2	3	5				6	2	5	8	3	1	7	9	4
3	1	2	4	7	5	6	9	8				9	8	4	2	7	5	1	6	3
5	9	8	2	3	6	1	7	4				1	7	3	9	6	4	5	8	2
8	6	7	3	1	9	5	4	2	6	9	7	8	3	1	5	9	2	6	4	7
4	3	5	7	6	2	9	8	1	3	4	5	2	6	7	4	1	3	8	5	9
1	2	9	5	4	8	3	6	7	8	1	2	5	4	9	7	8	6	3	2	1
						2	9	6	1	8	4	7	5	3						
						8	5	3	7	2	9	4	1	6						
						7	1	4	5	6	3	9	2	8						
7	4	5	1	8	2	6	3	9	4	5	8	1	7	2	8	4	9	5	6	3
9	6	8	4	7	3	1	2	5	9	7	6	3	8	4	6	5	2	1	9	7
1	3	2	6	9	5	4	7	8	2	3	1	6	9	5	7	3	1	2	8	4
4	9	3	5	2	7	8	1	6				5	3	8	2	9	6	4	7	1
8	5	6	9	3	1	7	4	2				4	6	1	5	8	7	3	2	9
2	1	7	8	4	6	9	5	3				9	2	7	4	1	3	6	5	8
6	2	4	3	1	8	5	9	7				7	1	6	3	2	8	9	4	5
3	8	9	7	5	4	2	6	1				2	4	3	9	7	5	8	1	6
5	7	1	2	6	9	3	8	4				8	5	9	1	6	4	7	3	2

15

5	9	7	6	4	8	2	3	1				6	1	9	7	8	4	5	2	3
8	3	6	2	5	1	4	9	7				2	5	7	3	6	1	4	9	8
1	2	4	7	9	3	5	8	6				4	8	3	2	9	5	6	7	1
6	5	8	9	7	4	1	2	3				8	4	5	6	2	7	1	3	9
3	7	2	1	8	6	9	4	5				1	3	2	4	5	9	8	6	7
4	1	9	3	2	5	6	7	8				9	7	6	1	3	8	2	5	4
7	4	1	8	6	2	3	5	9	2	4	1	7	6	8	9	4	2	3	1	5
2	8	3	5	1	9	7	6	4	8	9	3	5	2	1	8	7	3	9	4	6
9	6	5	4	3	7	8	1	2	6	5	7	3	9	4	5	1	6	7	8	2
						9	4	5	1	7	8	6	3	2						
						1	8	3	9	6	2	4	7	5						
						2	7	6	5	3	4	8	1	9						
3	5	4	1	2	7	6	9	8	3	2	5	1	4	7	6	2	5	9	8	3
6	7	9	8	3	5	4	2	1	7	8	6	9	5	3	8	7	4	2	1	6
1	2	8	9	4	6	5	3	7	4	1	9	2	8	6	9	1	3	4	5	7
9	3	2	7	5	8	1	6	4				7	9	4	5	6	1	3	2	8
4	6	7	3	9	1	2	8	5				6	3	8	7	4	2	1	9	5
8	1	5	4	6	2	3	7	9				5	1	2	3	9	8	7	6	4
2	9	1	6	7	4	8	5	3				4	6	9	2	8	7	5	3	1
5	4	3	2	8	9	7	1	6				3	2	1	4	5	6	8	7	9
7	8	6	5	1	3	9	4	2				8	7	5	1	3	9	6	4	2

16

4	9	3	1	7	8	5	2	6				2	9	3	1	8	4	5	6	7
6	2	8	4	5	3	7	1	9				7	6	8	3	2	5	4	1	9
7	1	5	9	2	6	4	8	3				4	5	1	9	6	7	2	3	8
5	8	4	6	9	1	3	7	2				6	3	7	2	4	8	1	9	5
9	3	7	2	8	5	1	6	4				9	8	5	7	3	1	6	2	4
2	6	1	3	4	7	9	5	8				1	2	4	6	5	9	7	8	3
1	5	2	8	3	4	6	9	7	3	4	8	5	1	2	8	7	3	9	4	6
8	4	6	7	1	9	2	3	5	7	9	1	8	4	6	5	9	2	3	7	1
3	7	9	5	6	2	8	4	1	2	5	6	3	7	9	4	1	6	8	5	2
						7	1	2	4	6	5	9	8	3						
						4	6	8	1	3	9	2	5	7						
						9	5	3	8	7	2	1	6	4						
5	7	1	6	8	9	3	2	4	5	1	7	6	9	8	7	2	3	5	4	1
8	9	4	3	2	1	5	7	6	9	8	3	4	2	1	5	9	6	7	3	8
6	3	2	7	5	4	1	8	9	6	2	4	7	3	5	8	4	1	6	9	2
2	4	6	9	1	3	7	5	8				3	5	4	2	6	8	1	7	9
7	1	9	5	6	8	2	4	3				9	7	2	3	1	4	8	5	6
3	8	5	2	4	7	6	9	1				8	1	6	9	5	7	4	2	3
9	5	7	8	3	6	4	1	2				5	6	9	4	8	2	3	1	7
4	6	8	1	7	2	9	3	5				1	4	3	6	7	9	2	8	5
1	2	3	4	9	5	8	6	7				2	8	7	1	3	5	9	6	4

17

5	1	3	8	2	4	6	9	7				6	3	5	4	7	9	8	1	2
9	8	4	7	1	6	3	2	5				7	1	9	5	8	2	3	4	6
7	6	2	5	3	9	4	8	1				2	8	4	6	1	3	7	5	9
8	7	6	2	4	1	5	3	9				5	7	8	9	6	4	2	3	1
3	5	9	6	8	7	1	4	2				4	6	1	2	3	8	5	9	7
2	4	1	9	5	3	8	7	6				3	9	2	1	5	7	6	8	4
1	9	8	3	7	5	2	6	4	9	3	8	1	5	7	8	9	6	4	2	3
6	3	5	4	9	2	7	1	8	6	5	2	9	4	3	7	2	5	1	6	8
4	2	7	1	6	8	9	5	3	1	7	4	8	2	6	3	4	1	9	7	5
						4	9	5	7	2	3	6	1	8						
						3	2	1	8	6	5	7	9	4						
						6	8	7	4	9	1	2	3	5						
6	7	1	9	5	3	8	4	2	5	1	7	3	6	9	2	1	5	4	8	7
9	4	2	1	8	7	5	3	6	2	8	9	4	7	1	3	8	6	5	9	2
8	3	5	4	6	2	1	7	9	3	4	6	5	8	2	7	4	9	3	6	1
1	2	7	3	9	5	4	6	8				7	9	3	6	2	4	8	1	5
3	9	6	8	7	4	2	1	5				6	2	4	1	5	8	9	7	3
5	8	4	2	1	6	3	9	7				1	5	8	9	7	3	2	4	6
2	6	8	7	4	1	9	5	3				2	1	5	8	9	7	6	3	4
4	5	3	6	2	9	7	8	1				9	4	6	5	3	1	7	2	8
7	1	9	5	3	8	6	2	4				8	3	7	4	6	2	1	5	9

18

2	3	7	9	6	8	5	4	1				7	9	4	3	2	6	5	1	8
8	4	1	5	3	2	9	6	7				2	1	6	5	7	8	9	4	3
6	5	9	4	1	7	3	8	2				3	5	8	4	1	9	2	7	6
9	1	4	2	5	3	8	7	6				4	7	1	8	9	5	6	3	2
3	8	6	7	9	4	1	2	5				8	3	5	1	6	2	7	9	4
5	7	2	6	8	1	4	3	9				6	2	9	7	3	4	1	8	5
4	2	8	1	7	5	6	9	3	8	7	5	1	4	2	6	8	7	3	5	9
7	6	5	3	4	9	2	1	8	4	9	3	5	6	7	9	4	3	8	2	1
1	9	3	8	2	6	7	5	4	6	1	2	9	8	3	2	5	1	4	6	7
						3	4	7	9	6	1	8	2	5						
						1	8	9	5	2	4	3	7	6						
						5	2	6	7	3	8	4	1	9						
3	1	2	7	4	8	9	6	5	1	8	7	2	3	4	1	5	7	8	9	6
9	8	7	6	5	2	4	3	1	2	5	6	7	9	8	6	3	4	2	1	5
6	5	4	1	9	3	8	7	2	3	4	9	6	5	1	2	8	9	7	4	3
5	4	9	2	8	7	3	1	6				4	7	2	9	1	3	6	5	8
2	7	3	4	6	1	5	9	8				9	8	6	5	7	2	1	3	4
1	6	8	5	3	9	7	2	4				3	1	5	4	6	8	9	2	7
4	2	1	3	7	5	6	8	9				8	2	7	3	4	1	5	6	9
8	3	5	9	2	6	1	4	7				1	6	3	8	9	5	4	7	2
7	9	6	8	1	4	2	5	3				5	4	9	7	2	6	3	8	1

19

7	3	9	4	6	2	5	1	8				9	7	2	3	5	1	4	6	8
1	5	4	8	3	7	2	9	6				4	6	8	2	9	7	3	1	5
6	2	8	1	5	9	4	7	3				5	1	3	8	4	6	2	9	7
2	7	1	5	8	4	6	3	9				7	4	6	9	3	5	8	2	1
8	6	5	9	7	3	1	2	4				2	9	5	1	8	4	6	7	3
4	9	3	2	1	6	7	8	5				3	8	1	6	7	2	9	5	4
9	1	2	3	4	5	8	6	7	2	5	9	1	3	4	7	2	9	5	8	6
3	4	7	6	2	8	9	5	1	3	4	6	8	2	7	5	6	3	1	4	9
5	8	6	7	9	1	3	4	2	7	1	8	6	5	9	4	1	8	7	3	2
						4	9	5	6	8	3	2	7	1						
						1	2	3	5	9	7	4	6	8						
						6	7	8	1	2	4	3	9	5						
4	6	7	1	2	8	5	3	9	8	6	1	7	4	2	3	6	5	8	9	1
5	2	1	6	9	3	7	8	4	9	3	2	5	1	6	4	8	9	3	7	2
9	8	3	7	5	4	2	1	6	4	7	5	9	8	3	7	1	2	6	4	5
2	1	8	3	6	7	9	4	5				8	3	7	5	9	4	1	2	6
7	5	6	8	4	9	3	2	1				4	9	1	6	2	3	7	5	8
3	9	4	5	1	2	6	7	8				2	6	5	8	7	1	9	3	4
1	3	2	9	8	5	4	6	7				1	7	4	2	3	6	5	8	9
6	7	9	4	3	1	8	5	2				6	2	8	9	5	7	4	1	3
8	4	5	2	7	6	1	9	3				3	5	9	1	4	8	2	6	7

20

2	9	5	6	3	7	8	4	1				5	2	8	6	1	4	7	9	3
7	8	4	5	1	2	6	9	3				9	1	7	5	8	3	6	4	2
6	3	1	4	8	9	7	5	2				3	4	6	9	2	7	5	1	8
4	6	8	7	2	3	5	1	9				7	3	1	2	5	9	4	8	6
3	2	9	8	5	1	4	7	6				2	6	4	8	3	1	9	5	7
1	5	7	9	4	6	3	2	8				8	5	9	7	4	6	3	2	1
9	1	6	3	7	5	2	8	4	7	3	6	1	9	5	3	7	2	8	6	4
5	4	3	2	9	8	1	6	7	5	2	9	4	8	3	1	6	5	2	7	9
8	7	2	1	6	4	9	3	5	8	4	1	6	7	2	4	9	8	1	3	5
						7	2	8	6	9	3	5	1	4						
						3	1	6	4	5	8	9	2	7						
						4	5	9	1	7	2	8	3	6						
7	1	5	3	6	4	8	9	2	3	6	5	7	4	1	8	2	3	6	9	5
9	8	4	5	2	1	6	7	3	9	1	4	2	5	8	9	1	6	7	4	3
2	3	6	7	8	9	5	4	1	2	8	7	3	6	9	5	7	4	1	8	2
1	4	8	9	5	6	2	3	7				5	1	4	3	8	9	2	6	7
5	7	9	2	3	8	1	6	4				6	9	2	7	5	1	8	3	4
3	6	2	4	1	7	9	5	8				8	3	7	4	6	2	5	1	9
8	5	1	6	7	3	4	2	9				1	2	3	6	9	7	4	5	8
6	9	3	8	4	2	7	1	5				9	7	5	1	4	8	3	2	6
4	2	7	1	9	5	3	8	6				4	8	6	2	3	5	9	7	1

21

8	6	7	1	2	3	5	4	9				4	5	6	9	2	7	3	8	1
3	1	4	8	5	9	2	6	7				8	9	2	1	3	6	4	7	5
5	2	9	7	6	4	8	3	1				7	1	3	4	8	5	9	2	6
2	7	3	6	9	5	1	8	4				6	4	7	2	9	1	5	3	8
6	5	1	4	7	8	9	2	3				5	3	9	6	7	8	2	1	4
4	9	8	3	1	2	6	7	5				1	2	8	5	4	3	7	6	9
9	4	2	5	3	6	7	1	8	2	4	9	3	6	5	7	1	4	8	9	2
7	8	6	9	4	1	3	5	2	1	7	6	9	8	4	3	6	2	1	5	7
1	3	5	2	8	7	4	9	6	3	8	5	2	7	1	8	5	9	6	4	3
						8	2	3	4	6	1	7	5	9						
						6	7	5	9	2	8	4	1	3						
						9	4	1	5	3	7	8	2	6						
2	5	9	4	8	3	1	6	7	8	9	4	5	3	2	8	6	9	4	7	1
1	3	7	9	5	6	2	8	4	6	5	3	1	9	7	3	4	5	8	2	6
4	6	8	7	2	1	5	3	9	7	1	2	6	4	8	1	2	7	9	3	5
3	9	6	8	4	2	7	1	5				7	8	3	4	9	1	6	5	2
7	8	4	1	3	5	9	2	6				9	2	1	5	7	6	3	8	4
5	2	1	6	9	7	3	4	8				4	6	5	2	8	3	1	9	7
6	4	5	2	1	9	8	7	3				2	7	4	6	3	8	5	1	9
8	1	3	5	7	4	6	9	2				8	5	9	7	1	4	2	6	3
9	7	2	3	6	8	4	5	1				3	1	6	9	5	2	7	4	8

22

2	8	5	3	1	4	7	9	6				7	3	5	6	2	9	1	8	4
4	9	3	7	6	8	2	5	1				1	8	9	4	5	7	6	2	3
7	1	6	9	2	5	3	4	8				4	2	6	3	8	1	9	7	5
9	5	7	1	8	6	4	3	2				8	6	4	9	1	5	2	3	7
6	4	1	2	7	3	9	8	5				3	5	1	7	6	2	8	4	9
3	2	8	5	4	9	1	6	7				2	9	7	8	3	4	5	1	6
8	6	2	4	9	1	5	7	3	8	4	9	6	1	2	5	7	3	4	9	8
1	3	4	6	5	7	8	2	9	7	1	6	5	4	3	1	9	8	7	6	2
5	7	9	8	3	2	6	1	4	5	2	3	9	7	8	2	4	6	3	5	1
						2	5	7	9	6	8	4	3	1						
						4	3	8	2	5	1	7	9	6						
						9	6	1	4	3	7	2	8	5						
6	8	4	1	7	5	3	9	2	6	8	4	1	5	7	2	4	8	6	9	3
7	3	2	9	8	6	1	4	5	3	7	2	8	6	9	3	7	1	5	4	2
5	1	9	4	2	3	7	8	6	1	9	5	3	2	4	9	5	6	8	1	7
8	7	5	6	1	2	4	3	9				6	9	5	1	2	4	7	3	8
9	6	3	5	4	8	2	1	7				2	1	8	7	3	9	4	6	5
2	4	1	3	9	7	6	5	8				4	7	3	8	6	5	1	2	9
4	9	6	2	5	1	8	7	3				5	3	2	4	1	7	9	8	6
3	5	8	7	6	4	9	2	1				7	8	1	6	9	2	3	5	4
1	2	7	8	3	9	5	6	4				9	4	6	5	8	3	2	7	1

23

9	1	3	5	7	2	4	6	8				6	4	2	8	7	5	9	3	1
2	8	4	1	6	3	9	5	7				1	7	3	2	4	9	6	5	8
5	6	7	4	9	8	3	1	2				8	9	5	6	1	3	7	2	4
7	9	5	6	1	4	8	2	3				2	5	1	3	8	6	4	7	9
8	2	1	9	3	7	5	4	6				4	8	6	7	9	2	3	1	5
3	4	6	8	2	5	1	7	9				7	3	9	4	5	1	8	6	2
4	3	8	2	5	6	7	9	1	4	5	2	3	6	8	1	2	4	5	9	7
6	5	9	7	8	1	2	3	4	8	9	6	5	1	7	9	3	8	2	4	6
1	7	2	3	4	9	6	8	5	3	7	1	9	2	4	5	6	7	1	8	3
						1	6	8	5	3	7	2	4	9						
						5	4	2	9	1	8	7	3	6						
						3	7	9	6	2	4	1	8	5						
7	4	2	5	9	6	8	1	3	7	6	5	4	9	2	6	3	1	5	7	8
8	1	3	2	4	7	9	5	6	2	4	3	8	7	1	2	4	5	3	9	6
9	6	5	1	3	8	4	2	7	1	8	9	6	5	3	8	9	7	4	1	2
6	2	8	4	1	9	3	7	5				9	3	4	7	1	6	8	2	5
1	3	4	7	2	5	6	9	8				2	8	6	9	5	3	1	4	7
5	9	7	8	6	3	1	4	2				7	1	5	4	2	8	6	3	9
3	5	6	9	7	4	2	8	1				1	4	9	5	6	2	7	8	3
4	7	1	6	8	2	5	3	9				5	2	7	3	8	4	9	6	1
2	8	9	3	5	1	7	6	4				3	6	8	1	7	9	2	5	4

24

3	1	7	2	6	4	9	5	8				1	6	8	5	3	4	9	7	2
2	5	4	9	3	8	7	6	1				4	9	3	7	2	8	5	1	6
8	9	6	1	7	5	3	4	2				5	7	2	6	9	1	3	8	4
6	3	9	5	1	7	8	2	4				8	5	4	3	7	9	2	6	1
7	8	2	3	4	6	5	1	9				7	3	6	1	8	2	4	5	9
1	4	5	8	9	2	6	3	7				9	2	1	4	5	6	8	3	7
9	6	1	4	8	3	2	7	5	6	1	4	3	8	9	2	6	7	1	4	5
5	7	8	6	2	1	4	9	3	2	8	7	6	1	5	9	4	3	7	2	8
4	2	3	7	5	9	1	8	6	9	5	3	2	4	7	8	1	5	6	9	3
						7	6	9	5	4	2	1	3	8						
						5	3	1	8	9	6	7	2	4						
						8	4	2	7	3	1	5	9	6						
5	1	3	4	7	6	9	2	8	3	7	5	4	6	1	3	7	5	9	2	8
8	7	9	3	1	2	6	5	4	1	2	8	9	7	3	4	8	2	1	5	6
4	6	2	9	5	8	3	1	7	4	6	9	8	5	2	1	6	9	4	3	7
1	3	4	8	2	5	7	9	6				3	8	9	2	1	7	5	6	4
6	9	7	1	4	3	2	8	5				1	2	5	6	4	3	8	7	9
2	5	8	6	9	7	4	3	1				7	4	6	5	9	8	3	1	2
7	8	1	2	6	9	5	4	3				2	3	4	9	5	6	7	8	1
3	2	6	5	8	4	1	7	9				6	9	7	8	3	1	2	4	5
9	4	5	7	3	1	8	6	2				5	1	8	7	2	4	6	9	3

2	8	7	3	4	1	9	5	6				9	6	5	1	3	4	7	8	2
4	1	6	2	9	5	3	8	7				7	4	2	6	9	8	5	3	1
9	5	3	7	6	8	4	2	1				3	1	8	2	7	5	9	4	6
1	9	8	5	7	6	2	4	3				8	7	6	5	1	9	3	2	4
7	4	5	8	3	2	1	6	9				4	5	9	3	6	2	8	1	7
6	3	2	9	1	4	8	7	5				1	2	3	8	4	7	6	5	9
5	6	4	1	2	3	7	9	8	4	5	6	2	3	1	9	5	6	4	7	8
8	7	1	4	5	9	6	3	2	1	8	7	5	9	4	7	8	1	2	6	3
3	2	9	6	8	7	5	1	4	9	2	3	6	8	7	4	2	3	1	9	5
						3	4	5	2	9	8	7	1	6						
						2	8	9	6	7	1	3	4	5						
						1	6	7	5	3	4	8	2	9						
2	1	4	7	6	9	8	5	3	7	1	9	4	6	2	1	7	8	9	5	3
6	8	9	3	5	2	4	7	1	3	6	2	9	5	8	6	2	3	7	4	1
7	3	5	1	4	8	9	2	6	8	4	5	1	7	3	5	4	9	8	6	2
3	2	7	9	8	4	1	6	5				2	3	6	4	9	7	1	8	5
8	4	6	5	3	1	7	9	2				7	1	4	8	5	2	3	9	6
9	5	1	2	7	6	3	8	4				8	9	5	3	1	6	2	7	4
4	7	2	8	1	5	6	3	9				3	8	7	2	6	4	5	1	9
5	6	3	4	9	7	2	1	8				5	4	9	7	3	1	6	2	8
1	9	8	6	2	3	5	4	7				6	2	1	9	8	5	4	3	7

26

2	5	9	1	4	7	6	3	8				1	2	7	5	3	6	4	8	9
3	4	8	6	9	5	1	2	7				5	9	6	8	4	7	3	1	2
6	1	7	8	2	3	9	4	5				4	3	8	1	9	2	5	7	6
9	7	1	4	3	8	2	5	6				8	6	2	3	1	4	7	9	5
5	6	4	9	1	2	7	8	3				7	5	3	6	8	9	2	4	1
8	3	2	7	5	6	4	9	1				9	4	1	2	7	5	8	6	3
1	8	3	2	7	9	5	6	4	7	2	8	3	1	9	7	2	8	6	5	4
4	2	6	5	8	1	3	7	9	4	6	1	2	8	5	4	6	1	9	3	7
7	9	5	3	6	4	8	1	2	9	3	5	6	7	4	9	5	3	1	2	8
						6	5	3	2	1	7	9	4	8						
						7	4	1	8	9	6	5	3	2						
						9	2	8	3	5	4	7	6	1						
8	4	9	7	2	6	1	3	5	6	8	9	4	2	7	1	8	6	5	9	3
3	5	6	9	4	1	2	8	7	5	4	3	1	9	6	7	3	5	4	2	8
2	1	7	8	5	3	4	9	6	1	7	2	8	5	3	9	2	4	1	6	7
6	3	2	4	7	8	9	5	1				9	4	8	6	1	2	7	3	5
1	9	8	2	6	5	7	4	3				7	1	5	3	9	8	6	4	2
4	7	5	3	1	9	6	2	8				3	6	2	4	5	7	9	8	1
9	6	4	5	3	7	8	1	2				6	8	9	2	7	1	3	5	4
5	2	1	6	8	4	3	7	9				5	3	1	8	4	9	2	7	6
7	8	3	1	9	2	5	6	4				2	7	4	5	6	3	8	1	9

27

8	9	7	4	5	6	3	2	1				7	4	3	2	1	9	6	8	5
3	4	5	2	9	1	8	7	6				6	1	8	5	7	3	2	9	4
6	2	1	8	3	7	4	5	9				5	9	2	8	6	4	3	7	1
4	3	8	1	2	5	6	9	7				4	7	6	1	2	8	9	5	3
5	7	2	6	4	9	1	8	3				9	8	1	3	4	5	7	2	6
9	1	6	7	8	3	2	4	5				2	3	5	7	9	6	1	4	8
7	8	3	5	6	2	9	1	4	3	6	2	8	5	7	6	3	2	4	1	9
2	5	9	3	1	4	7	6	8	1	9	5	3	2	4	9	8	1	5	6	7
1	6	4	9	7	8	5	3	2	7	4	8	1	6	9	4	5	7	8	3	2
						2	5	3	4	8	7	6	9	1						
						1	7	9	2	3	6	4	8	5						
						8	4	6	9	5	1	2	7	3						
4	8	1	7	2	3	6	9	5	8	1	3	7	4	2	6	9	5	1	3	8
9	3	7	6	5	8	4	2	1	6	7	9	5	3	8	4	1	7	2	9	6
2	6	5	9	4	1	3	8	7	5	2	4	9	1	6	2	8	3	7	4	5
6	5	4	8	3	7	9	1	2				3	2	9	7	5	4	6	8	1
1	7	9	2	6	4	5	3	8				8	7	1	3	6	9	4	5	2
3	2	8	1	9	5	7	6	4				4	6	5	1	2	8	3	7	9
8	1	6	4	7	9	2	5	3				2	5	7	9	4	1	8	6	3
5	4	2	3	1	6	8	7	9				1	9	4	8	3	6	5	2	7
7	9	3	5	8	2	1	4	6				6	8	3	5	7	2	9	1	4

28

8	1	6	5	7	2	3	9	4				1	2	7	4	6	3	5	8	9
7	3	5	6	4	9	8	2	1				4	9	3	8	5	7	2	6	1
9	2	4	8	3	1	5	6	7				6	8	5	2	9	1	3	4	7
1	6	7	2	5	3	4	8	9				2	4	6	7	3	5	1	9	8
4	9	2	1	8	7	6	5	3				8	3	1	9	2	6	4	7	5
3	5	8	4	9	6	7	1	2				5	7	9	1	4	8	6	2	3
6	4	3	9	2	5	1	7	8	6	3	2	9	5	4	3	8	2	7	1	6
5	7	9	3	1	8	2	4	6	5	9	7	3	1	8	6	7	4	9	5	2
2	8	1	7	6	4	9	3	5	1	4	8	7	6	2	5	1	9	8	3	4
						3	5	7	9	8	1	4	2	6						
						6	9	1	3	2	4	8	7	5						
						4	8	2	7	5	6	1	3	9						
8	2	3	5	9	6	7	1	4	2	6	9	5	8	3	9	7	1	6	2	4
4	6	7	1	8	3	5	2	9	8	7	3	6	4	1	8	2	5	7	9	3
9	1	5	7	4	2	8	6	3	4	1	5	2	9	7	4	3	6	5	1	8
2	3	1	6	5	7	9	4	8				1	5	4	7	8	3	9	6	2
6	7	8	9	1	4	2	3	5				9	7	8	2	6	4	1	3	5
5	9	4	2	3	8	6	7	1				3	2	6	5	1	9	4	8	7
1	4	6	8	7	9	3	5	2				8	6	2	1	4	7	3	5	9
3	8	2	4	6	5	1	9	7				4	3	5	6	9	8	2	7	1
7	5	9	3	2	1	4	8	6				7	1	9	3	5	2	8	4	6

29

9	6	8	3	1	2	7	5	4				5	1	2	4	6	9	7	8	3
5	4	2	7	8	9	1	6	3				4	3	7	5	1	8	6	2	9
7	1	3	4	6	5	8	9	2				8	9	6	3	7	2	1	4	5
4	3	9	2	7	8	6	1	5				2	5	1	8	4	7	3	9	6
2	5	1	6	9	3	4	7	8				9	8	3	2	5	6	4	7	1
8	7	6	5	4	1	3	2	9				7	6	4	9	3	1	8	5	2
6	9	7	8	5	4	2	3	1	7	9	8	6	4	5	7	2	3	9	1	8
3	8	5	1	2	7	9	4	6	2	5	1	3	7	8	1	9	5	2	6	4
1	2	4	9	3	6	5	8	7	6	4	3	1	2	9	6	8	4	5	3	7
						7	5	9	3	2	4	8	1	6						
						6	1	8	9	7	5	2	3	4						
						3	2	4	8	1	6	9	5	7						
5	7	2	6	8	1	4	9	3	5	6	2	7	8	1	3	4	2	5	6	9
1	6	3	2	4	9	8	7	5	1	3	9	4	6	2	8	9	5	7	1	3
9	4	8	5	7	3	1	6	2	4	8	7	5	9	3	7	6	1	2	4	8
2	9	5	7	3	4	6	8	1				1	5	4	6	7	9	3	8	2
4	1	6	9	2	8	3	5	7				8	7	6	5	2	3	1	9	4
8	3	7	1	6	5	9	2	4				2	3	9	4	1	8	6	5	7
7	8	1	4	9	2	5	3	6				3	4	8	1	5	7	9	2	6
6	5	9	3	1	7	2	4	8				6	2	5	9	3	4	8	7	1
3	2	4	8	5	6	7	1	9				9	1	7	2	8	6	4	3	5

30

2	4	7	5	1	3	6	9	8				6	2	8	7	5	4	9	1	3
3	5	9	7	6	8	1	2	4				3	4	7	1	9	6	2	8	5
6	8	1	4	2	9	5	7	3				1	5	9	8	2	3	6	4	7
4	9	2	3	8	6	7	5	1				5	3	2	4	1	9	8	7	6
7	1	8	9	4	5	2	3	6				9	6	4	2	7	8	3	5	1
5	3	6	1	7	2	4	8	9				7	8	1	3	6	5	4	2	9
9	2	5	6	3	1	8	4	7	6	5	9	2	1	3	6	8	7	5	9	4
1	7	3	8	5	4	9	6	2	3	8	1	4	7	5	9	3	2	1	6	8
8	6	4	2	9	7	3	1	5	7	2	4	8	9	6	5	4	1	7	3	2
						1	2	8	9	3	6	7	5	4						
						6	5	4	2	1	7	9	3	8						
						7	3	9	5	4	8	6	2	1						
9	7	5	4	3	6	2	8	1	4	7	5	3	6	9	4	8	5	7	2	1
1	6	2	8	7	5	4	9	3	1	6	2	5	8	7	9	1	2	3	4	6
3	4	8	2	1	9	5	7	6	8	9	3	1	4	2	7	3	6	9	5	8
7	8	4	1	5	3	6	2	9				4	5	3	1	9	8	2	6	7
2	1	3	6	9	8	7	4	5				7	2	8	5	6	3	4	1	9
6	5	9	7	4	2	3	1	8				9	1	6	2	7	4	5	8	3
4	9	6	3	8	7	1	5	2				2	3	1	6	4	9	8	7	5
5	3	1	9	2	4	8	6	7				8	7	4	3	5	1	6	9	2
8	2	7	5	6	1	9	3	4				6	9	5	8	2	7	1	3	4

31

8	9	7	3	4	5	1	2	6				9	4	3	5	8	1	6	7	2
2	4	6	8	9	1	3	7	5				5	1	2	6	7	3	8	9	4
5	1	3	2	6	7	4	9	8				7	6	8	4	2	9	3	5	1
3	2	4	6	5	8	7	1	9				8	3	1	9	5	2	4	6	7
6	5	1	7	3	9	8	4	2				6	5	7	3	4	8	2	1	9
9	7	8	4	1	2	5	6	3				4	2	9	1	6	7	5	8	3
4	6	2	1	8	3	9	5	7	6	3	1	2	8	4	7	9	5	1	3	6
7	3	9	5	2	4	6	8	1	2	7	4	3	9	5	2	1	6	7	4	8
1	8	5	9	7	6	2	3	4	9	5	8	1	7	6	8	3	4	9	2	5
						3	6	9	8	2	5	4	1	7						
						7	4	2	1	9	3	5	6	8						
						5	1	8	7	4	6	9	2	3						
5	2	8	3	9	1	4	7	6	3	1	2	8	5	9	1	2	4	7	6	3
9	3	1	7	4	6	8	2	5	4	6	9	7	3	1	9	5	6	4	2	8
6	4	7	5	2	8	1	9	3	5	8	7	6	4	2	7	8	3	1	5	9
7	1	2	4	8	3	5	6	9				3	6	8	5	4	1	2	9	7
4	5	9	6	1	2	3	8	7				2	9	4	8	6	7	5	3	1
8	6	3	9	7	5	2	4	1				5	1	7	2	3	9	8	4	6
1	7	6	8	5	4	9	3	2				4	8	3	6	7	2	9	1	5
2	9	4	1	3	7	6	5	8				9	7	6	4	1	5	3	8	2
3	8	5	2	6	9	7	1	4				1	2	5	3	9	8	6	7	4

32

9	2	6	5	7	4	1	8	3				4	6	8	2	7	9	5	1	3
4	1	5	9	8	3	7	6	2				7	5	1	4	3	6	9	8	2
3	7	8	1	2	6	5	9	4				2	3	9	8	5	1	6	4	7
2	3	9	8	6	5	4	1	7				6	1	2	5	4	8	3	7	9
6	5	7	4	9	1	3	2	8				8	9	7	6	2	3	1	5	4
8	4	1	7	3	2	9	5	6				3	4	5	1	9	7	2	6	8
1	6	4	3	5	8	2	7	9	3	6	1	5	8	4	3	6	2	7	9	1
5	9	2	6	4	7	8	3	1	5	7	4	9	2	6	7	1	4	8	3	5
7	8	3	2	1	9	6	4	5	9	8	2	1	7	3	9	8	5	4	2	6
						5	6	4	8	1	9	7	3	2						
						7	9	3	2	5	6	8	4	1						
						1	8	2	4	3	7	6	9	5						
7	4	5	9	6	2	3	1	8	7	4	5	2	6	9	4	7	1	8	5	3
8	2	6	4	1	3	9	5	7	6	2	3	4	1	8	2	3	5	7	9	6
9	3	1	5	7	8	4	2	6	1	9	8	3	5	7	8	6	9	2	4	1
4	8	9	7	3	5	2	6	1				9	8	5	6	2	7	1	3	4
5	1	7	2	9	6	8	4	3				1	7	4	9	5	3	6	2	8
2	6	3	1	8	4	5	7	9				6	2	3	1	4	8	9	7	5
1	5	8	3	2	7	6	9	4				7	4	2	5	1	6	3	8	9
6	7	4	8	5	9	1	3	2				5	9	6	3	8	2	4	1	7
3	9	2	6	4	1	7	8	5				8	3	1	7	9	4	5	6	2

33

1	3	9	4	7	6	2	8	5				2	8	1	3	5	7	4	9	6
4	5	2	1	8	9	6	7	3				7	3	9	4	1	6	8	5	2
8	7	6	5	3	2	4	1	9				5	4	6	8	9	2	1	3	7
5	6	3	8	1	4	9	2	7				4	7	3	1	8	5	6	2	9
2	1	4	9	5	7	8	3	6				8	6	2	7	3	9	5	1	4
7	9	8	2	6	3	1	5	4				1	9	5	2	6	4	7	8	3
6	2	7	3	9	1	5	4	8	1	6	9	3	2	7	5	4	8	9	6	1
3	8	1	6	4	5	7	9	2	5	3	4	6	1	8	9	7	3	2	4	5
9	4	5	7	2	8	3	6	1	2	7	8	9	5	4	6	2	1	3	7	8
						9	1	4	6	2	7	8	3	5						
						6	5	7	8	1	3	2	4	9						
						8	2	3	9	4	5	1	7	6						
5	8	7	6	2	4	1	3	9	7	5	6	4	8	2	1	9	3	6	7	5
2	6	1	7	3	9	4	8	5	3	9	2	7	6	1	5	4	2	9	8	3
9	4	3	1	8	5	2	7	6	4	8	1	5	9	3	8	7	6	2	4	1
8	2	5	4	1	3	6	9	7				8	2	4	9	3	5	7	1	6
7	1	4	8	9	6	5	2	3				1	5	6	2	8	7	3	9	4
3	9	6	2	5	7	8	1	4				9	3	7	6	1	4	8	5	2
6	7	8	3	4	1	9	5	2				2	1	9	3	5	8	4	6	7
4	5	2	9	7	8	3	6	1				6	4	8	7	2	1	5	3	9
1	3	9	5	6	2	7	4	8				3	7	5	4	6	9	1	2	8

34

5	8	6	4	3	2	9	7	1				3	6	4	7	2	5	8	9	1
9	4	1	5	7	8	2	3	6				1	7	2	8	9	4	3	5	6
7	2	3	9	1	6	5	8	4				9	8	5	6	1	3	4	7	2
4	5	8	3	6	1	7	9	2				7	5	1	4	3	2	9	6	8
6	1	9	7	2	5	3	4	8				8	2	3	9	5	6	1	4	7
2	3	7	8	9	4	1	6	5				6	4	9	1	7	8	2	3	5
3	6	5	1	8	7	4	2	9	8	6	3	5	1	7	2	4	9	6	8	3
1	7	2	6	4	9	8	5	3	4	1	7	2	9	6	3	8	7	5	1	4
8	9	4	2	5	3	6	1	7	5	9	2	4	3	8	5	6	1	7	2	9
						2	6	8	1	7	4	9	5	3						
						7	4	1	3	5	9	8	6	2						
						3	9	5	2	8	6	7	4	1						
9	4	7	8	1	6	5	3	2	6	4	8	1	7	9	5	3	8	4	6	2
8	5	3	4	2	9	1	7	6	9	2	5	3	8	4	6	2	7	1	9	5
2	6	1	3	5	7	9	8	4	7	3	1	6	2	5	9	1	4	3	8	7
3	7	2	9	4	1	6	5	8				4	1	2	8	9	6	5	7	3
4	1	6	5	3	8	2	9	7				9	3	6	7	5	2	8	4	1
5	9	8	6	7	2	3	4	1				8	5	7	1	4	3	9	2	6
7	2	9	1	8	3	4	6	5				7	4	8	3	6	1	2	5	9
6	8	4	2	9	5	7	1	3				2	9	3	4	7	5	6	1	8
1	3	5	7	6	4	8	2	9				5	6	1	2	8	9	7	3	4

35

5	9	8	7	4	2	1	6	3				5	7	9	8	1	2	3	4	6
6	4	2	5	3	1	7	8	9				4	3	2	6	7	5	1	9	8
3	7	1	6	9	8	5	4	2				8	1	6	3	9	4	5	2	7
8	6	5	9	7	3	2	1	4				9	6	1	2	4	8	7	3	5
7	2	4	1	8	5	9	3	6				3	2	5	9	6	7	8	1	4
9	1	3	2	6	4	8	5	7				7	4	8	1	5	3	9	6	2
1	8	7	4	2	6	3	9	5	7	2	1	6	8	4	7	3	9	2	5	1
2	3	6	8	5	9	4	7	1	6	9	8	2	5	3	4	8	1	6	7	9
4	5	9	3	1	7	6	2	8	4	3	5	1	9	7	5	2	6	4	8	3
						5	6	7	8	4	3	9	1	2						
						2	1	4	5	7	9	8	3	6						
						9	8	3	2	1	6	4	7	5						
4	7	1	6	9	3	8	5	2	1	6	7	3	4	9	7	5	8	6	1	2
6	8	3	5	2	7	1	4	9	3	5	2	7	6	8	1	9	2	5	4	3
9	5	2	1	4	8	7	3	6	9	8	4	5	2	1	3	4	6	8	9	7
8	3	5	2	1	9	4	6	7				2	1	6	5	3	7	4	8	9
2	6	9	4	7	5	3	8	1				4	7	5	2	8	9	1	3	6
1	4	7	3	8	6	9	2	5				8	9	3	6	1	4	2	7	5
7	9	6	8	3	2	5	1	4				9	5	7	4	2	1	3	6	8
3	2	4	9	5	1	6	7	8				6	3	4	8	7	5	9	2	1
5	1	8	7	6	4	2	9	3				1	8	2	9	6	3	7	5	4

36

6	2	9	7	3	8	1	4	5				4	6	9	2	3	5	1	7	8
1	7	4	6	9	5	2	3	8				2	3	1	6	8	7	5	4	9
8	5	3	2	1	4	6	9	7				8	5	7	4	1	9	6	3	2
9	4	1	8	7	6	5	2	3				6	7	5	3	4	2	8	9	1
5	8	7	9	2	3	4	6	1				9	4	8	7	5	1	3	2	6
3	6	2	4	5	1	8	7	9				3	1	2	9	6	8	4	5	7
2	1	5	3	6	9	7	8	4	9	6	1	5	2	3	1	7	6	9	8	4
4	3	6	5	8	7	9	1	2	3	4	5	7	8	6	5	9	4	2	1	3
7	9	8	1	4	2	3	5	6	2	8	7	1	9	4	8	2	3	7	6	5
						1	3	8	5	2	4	9	6	7						
						4	7	9	6	1	8	3	5	2						
						6	2	5	7	9	3	4	1	8						
1	8	9	2	4	7	5	6	3	1	7	2	8	4	9	2	3	7	5	6	1
5	3	6	1	9	8	2	4	7	8	5	9	6	3	1	8	4	5	9	2	7
4	2	7	6	5	3	8	9	1	4	3	6	2	7	5	6	9	1	3	8	4
3	5	2	8	6	9	7	1	4				4	8	6	5	7	9	2	1	3
8	6	1	4	7	2	9	3	5				7	9	2	3	1	6	8	4	5
7	9	4	3	1	5	6	8	2				1	5	3	4	2	8	6	7	9
6	4	8	7	2	1	3	5	9				9	2	8	7	5	4	1	3	6
9	7	3	5	8	4	1	2	6				5	6	7	1	8	3	4	9	2
2	1	5	9	3	6	4	7	8				3	1	4	9	6	2	7	5	8

37

9	8	1	7	3	4	2	6	5				8	4	1	2	9	3	6	5	7
2	5	3	6	8	1	4	7	9				3	6	9	5	7	8	4	2	1
6	4	7	5	2	9	3	1	8				2	5	7	4	6	1	3	8	9
8	6	4	9	1	2	7	5	3				6	2	8	9	3	5	1	7	4
1	7	9	8	5	3	6	2	4				4	7	5	1	8	6	2	9	3
5	3	2	4	6	7	8	9	1				9	1	3	7	4	2	5	6	8
3	1	5	2	4	6	9	8	7	2	1	4	5	3	6	8	1	9	7	4	2
7	2	8	3	9	5	1	4	6	3	8	5	7	9	2	3	5	4	8	1	6
4	9	6	1	7	8	5	3	2	7	6	9	1	8	4	6	2	7	9	3	5
						8	7	3	1	4	6	2	5	9						
						2	6	1	9	5	7	3	4	8						
						4	9	5	8	3	2	6	7	1						
4	7	3	1	5	8	6	2	9	5	7	8	4	1	3	6	7	5	8	9	2
8	5	2	3	6	9	7	1	4	6	9	3	8	2	5	9	3	4	7	1	6
6	9	1	2	4	7	3	5	8	4	2	1	9	6	7	1	8	2	3	4	5
1	8	7	6	9	2	4	3	5				2	3	9	5	1	7	4	6	8
5	4	6	7	8	3	1	9	2				6	5	1	4	9	8	2	7	3
2	3	9	5	1	4	8	7	6				7	4	8	2	6	3	9	5	1
3	2	8	9	7	6	5	4	1				5	7	2	8	4	1	6	3	9
7	1	4	8	2	5	9	6	3				1	9	4	3	2	6	5	8	7
9	6	5	4	3	1	2	8	7				3	8	6	7	5	9	1	2	4

38

4	2	5	3	7	8	1	9	6				4	9	8	5	3	2	1	6	7
7	8	3	9	1	6	4	2	5				2	3	7	9	1	6	4	5	8
6	1	9	4	2	5	7	3	8				1	6	5	4	8	7	2	9	3
3	9	4	6	5	2	8	1	7				6	2	1	8	7	9	5	3	4
2	7	6	8	3	1	5	4	9				5	7	3	6	2	4	9	8	1
1	5	8	7	9	4	2	6	3				8	4	9	3	5	1	6	7	2
5	4	7	1	6	9	3	8	2	1	9	4	7	5	6	1	4	3	8	2	9
8	6	2	5	4	3	9	7	1	2	5	6	3	8	4	2	9	5	7	1	6
9	3	1	2	8	7	6	5	4	7	8	3	9	1	2	7	6	8	3	4	5
						8	9	5	3	4	1	2	6	7						
						1	2	3	6	7	9	5	4	8						
						7	4	6	8	2	5	1	3	9						
3	5	7	4	6	9	2	1	8	4	3	7	6	9	5	1	2	4	7	3	8
9	4	1	2	3	8	5	6	7	9	1	8	4	2	3	5	8	7	1	6	9
6	2	8	1	7	5	4	3	9	5	6	2	8	7	1	6	9	3	2	5	4
8	3	2	6	9	7	1	5	4				2	6	8	4	5	1	3	9	7
1	7	4	5	2	3	8	9	6				3	4	9	8	7	6	5	1	2
5	9	6	8	4	1	7	2	3				1	5	7	2	3	9	4	8	6
7	1	5	3	8	6	9	4	2				7	3	4	9	6	5	8	2	1
2	8	3	9	1	4	6	7	5				9	1	2	3	4	8	6	7	5
4	6	9	7	5	2	3	8	1				5	8	6	7	1	2	9	4	3

39

7	1	2	6	3	5	8	9	4				2	7	5	8	1	3	6	9	4
6	8	3	4	9	1	7	2	5				8	1	4	7	9	6	5	2	3
4	5	9	8	7	2	1	3	6				6	3	9	2	4	5	1	8	7
3	9	4	5	1	6	2	8	7				1	4	6	5	3	9	2	7	8
1	7	5	9	2	8	4	6	3				3	9	7	1	8	2	4	6	5
2	6	8	3	4	7	9	5	1				5	8	2	4	6	7	9	3	1
9	2	6	1	5	4	3	7	8	2	5	4	9	6	1	3	7	4	8	5	2
5	3	1	7	8	9	6	4	2	1	9	3	7	5	8	6	2	1	3	4	9
8	4	7	2	6	3	5	1	9	7	6	8	4	2	3	9	5	8	7	1	6
						7	2	6	4	8	1	3	9	5						
						9	8	4	3	2	5	6	1	7						
						1	3	5	6	7	9	8	4	2						
1	2	5	6	4	3	8	9	7	5	1	6	2	3	4	9	5	6	8	7	1
9	6	4	7	1	8	2	5	3	9	4	7	1	8	6	7	4	3	2	5	9
7	3	8	5	9	2	4	6	1	8	3	2	5	7	9	1	2	8	4	6	3
8	1	6	4	7	9	3	2	5				6	5	3	2	8	1	9	4	7
5	9	3	2	8	6	1	7	4				7	9	8	4	6	5	1	3	2
4	7	2	3	5	1	6	8	9				4	2	1	3	9	7	6	8	5
6	5	1	8	3	7	9	4	2				9	1	5	6	7	4	3	2	8
3	8	7	9	2	4	5	1	6				8	6	2	5	3	9	7	1	4
2	4	9	1	6	5	7	3	8				3	4	7	8	1	2	5	9	6

40

1	6	2	5	8	3	9	4	7				1	6	3	8	9	4	7	2	5
3	9	7	2	6	4	8	1	5				4	7	9	2	6	5	1	8	3
4	5	8	7	1	9	3	2	6				5	2	8	1	7	3	6	4	9
9	8	6	4	5	2	1	7	3				6	5	1	4	8	9	2	3	7
2	7	1	3	9	6	5	8	4				8	9	4	3	2	7	5	6	1
5	4	3	1	7	8	2	6	9				2	3	7	5	1	6	8	9	4
8	1	9	6	4	5	7	3	2	5	4	8	9	1	6	7	4	8	3	5	2
6	2	5	8	3	7	4	9	1	3	2	6	7	8	5	9	3	2	4	1	6
7	3	4	9	2	1	6	5	8	1	7	9	3	4	2	6	5	1	9	7	8
						1	2	3	6	8	4	5	7	9						
						5	4	9	2	1	7	6	3	8						
						8	6	7	9	3	5	1	2	4						
3	2	6	1	5	7	9	8	4	7	5	1	2	6	3	9	7	8	5	1	4
7	4	9	3	8	6	2	1	5	8	6	3	4	9	7	2	1	5	6	8	3
5	8	1	9	2	4	3	7	6	4	9	2	8	5	1	6	3	4	9	7	2
1	6	3	4	9	5	8	2	7				5	2	8	1	6	9	4	3	7
8	7	5	2	3	1	6	4	9				9	3	4	8	5	7	1	2	6
2	9	4	6	7	8	1	5	3				7	1	6	3	4	2	8	5	9
9	5	2	8	4	3	7	6	1				3	4	2	5	8	6	7	9	1
6	3	7	5	1	2	4	9	8				1	7	5	4	9	3	2	6	8
4	1	8	7	6	9	5	3	2				6	8	9	7	2	1	3	4	5

41

9	1	5	8	7	2	3	6	4				7	8	5	2	3	6	4	1	9
2	6	3	9	1	4	5	8	7				2	1	3	5	4	9	7	6	8
7	8	4	5	3	6	2	9	1				9	6	4	8	7	1	2	5	3
4	2	8	7	6	3	1	5	9				8	4	1	7	6	5	3	9	2
1	7	9	4	5	8	6	2	3				5	2	9	4	1	3	8	7	6
5	3	6	1	2	9	4	7	8				6	3	7	9	2	8	5	4	1
8	9	1	6	4	5	7	3	2	1	8	5	4	9	6	3	5	2	1	8	7
3	5	7	2	9	1	8	4	6	7	3	9	1	5	2	6	8	7	9	3	4
6	4	2	3	8	7	9	1	5	4	2	6	3	7	8	1	9	4	6	2	5
						6	5	7	8	1	4	9	2	3						
						3	9	1	5	7	2	6	8	4						
						4	2	8	6	9	3	7	1	5						
3	2	9	5	8	7	1	6	4	2	5	7	8	3	9	1	4	7	5	6	2
8	5	4	1	3	6	2	7	9	3	4	8	5	6	1	3	2	8	7	9	4
1	6	7	9	4	2	5	8	3	9	6	1	2	4	7	6	5	9	3	1	8
6	3	2	7	9	5	8	4	1				6	8	3	2	9	4	1	7	5
7	9	8	6	1	4	3	5	2				7	2	4	5	6	1	9	8	3
4	1	5	8	2	3	7	9	6				1	9	5	7	8	3	2	4	6
5	4	1	3	6	8	9	2	7				9	5	6	8	7	2	4	3	1
9	8	6	2	7	1	4	3	5				3	7	2	4	1	6	8	5	9
2	7	3	4	5	9	6	1	8				4	1	8	9	3	5	6	2	7

42

7	1	5	3	4	2	9	8	6				9	5	6	4	8	7	1	2	3
3	2	6	8	7	9	5	4	1				7	3	8	5	1	2	6	9	4
8	4	9	6	5	1	7	3	2				4	2	1	9	3	6	8	7	5
5	9	2	7	1	8	3	6	4				3	8	9	1	4	5	7	6	2
1	3	4	2	6	5	8	7	9				5	1	2	6	7	3	9	4	8
6	8	7	4	9	3	2	1	5				6	7	4	2	9	8	5	3	1
9	7	1	5	8	6	4	2	3	9	1	7	8	6	5	7	2	4	3	1	9
4	5	3	1	2	7	6	9	8	5	2	3	1	4	7	3	5	9	2	8	6
2	6	8	9	3	4	1	5	7	4	6	8	2	9	3	8	6	1	4	5	7
						7	1	5	6	4	2	9	3	8						
						3	6	2	1	8	9	5	7	4						
						9	8	4	7	3	5	6	1	2						
2	3	4	9	1	5	8	7	6	2	9	4	3	5	1	2	7	8	6	9	4
8	9	7	2	6	4	5	3	1	8	7	6	4	2	9	1	5	6	3	8	7
1	6	5	8	7	3	2	4	9	3	5	1	7	8	6	4	3	9	2	1	5
4	2	6	3	5	9	7	1	8				8	3	2	6	4	1	7	5	9
7	5	3	6	8	1	9	2	4				5	1	7	3	9	2	4	6	8
9	1	8	7	4	2	6	5	3				9	6	4	5	8	7	1	3	2
5	8	2	4	3	6	1	9	7				2	4	5	9	6	3	8	7	1
3	7	1	5	9	8	4	6	2				6	9	8	7	1	4	5	2	3
6	4	9	1	2	7	3	8	5				1	7	3	8	2	5	9	4	6

43

1	5	6	7	3	9	8	4	2				2	1	8	9	6	3	4	5	7
7	4	3	2	8	5	9	1	6				4	3	7	5	8	2	1	6	9
9	8	2	6	1	4	3	5	7				5	9	6	4	1	7	2	3	8
3	6	1	5	4	7	2	9	8				6	4	3	1	7	9	8	2	5
8	7	4	9	2	1	6	3	5				9	2	5	3	4	8	6	7	1
5	2	9	8	6	3	4	7	1				7	8	1	6	2	5	3	9	4
6	1	5	3	9	2	7	8	4	6	9	3	1	5	2	8	9	6	7	4	3
4	3	8	1	7	6	5	2	9	1	7	8	3	6	4	7	5	1	9	8	2
2	9	7	4	5	8	1	6	3	4	5	2	8	7	9	2	3	4	5	1	6
						4	9	6	8	2	7	5	1	3						
						8	3	1	5	4	6	2	9	7						
						2	7	5	9	3	1	4	8	6						
7	1	5	9	3	2	6	4	8	3	1	9	7	2	5	6	9	1	3	8	4
6	8	9	4	7	5	3	1	2	7	6	5	9	4	8	3	7	2	5	6	1
3	2	4	6	8	1	9	5	7	2	8	4	6	3	1	8	5	4	9	7	2
8	7	2	1	6	4	5	9	3				8	7	9	5	4	3	2	1	6
5	9	1	3	2	7	8	6	4				5	6	3	2	1	8	7	4	9
4	3	6	8	5	9	7	2	1				4	1	2	7	6	9	8	5	3
2	5	3	7	4	6	1	8	9				3	9	6	1	8	7	4	2	5
1	6	7	2	9	8	4	3	5				1	8	4	9	2	5	6	3	7
9	4	8	5	1	3	2	7	6				2	5	7	4	3	6	1	9	8

44

5	4	9	2	3	6	1	7	8				6	5	2	3	9	4	1	8	7
2	3	1	8	9	7	5	4	6				7	9	3	5	1	8	4	6	2
7	8	6	4	5	1	2	3	9				4	1	8	7	2	6	9	5	3
6	5	2	1	7	9	4	8	3				9	4	7	6	8	3	5	2	1
9	1	4	5	8	3	7	6	2				3	2	1	9	4	5	8	7	6
3	7	8	6	4	2	9	5	1				5	8	6	1	7	2	3	9	4
1	2	5	3	6	4	8	9	7	6	4	1	2	3	5	4	6	9	7	1	8
4	6	7	9	1	8	3	2	5	8	7	9	1	6	4	8	5	7	2	3	9
8	9	3	7	2	5	6	1	4	2	3	5	8	7	9	2	3	1	6	4	5
						5	7	1	3	8	4	9	2	6						
						9	6	3	1	2	7	5	4	8						
						4	8	2	9	5	6	7	1	3						
4	5	9	2	8	7	1	3	6	7	9	8	4	5	2	7	8	1	9	3	6
3	7	8	4	1	6	2	5	9	4	1	3	6	8	7	9	4	3	2	1	5
2	6	1	3	9	5	7	4	8	5	6	2	3	9	1	5	2	6	7	8	4
6	3	2	7	5	4	8	9	1				9	6	8	4	3	7	1	5	2
1	4	7	8	6	9	5	2	3				7	1	5	6	9	2	3	4	8
9	8	5	1	2	3	6	7	4				2	3	4	1	5	8	6	9	7
5	1	4	6	3	2	9	8	7				8	7	6	3	1	4	5	2	9
8	2	3	9	7	1	4	6	5				1	4	9	2	7	5	8	6	3
7	9	6	5	4	8	3	1	2				5	2	3	8	6	9	4	7	1

45

3	4	5	2	7	8	1	9	6				7	2	5	8	6	4	1	3	9
8	1	6	5	3	9	4	2	7				4	9	3	7	2	1	6	5	8
9	7	2	1	4	6	5	8	3				8	1	6	3	9	5	7	2	4
6	9	3	8	2	1	7	4	5				5	8	2	6	1	7	9	4	3
5	2	4	9	6	7	3	1	8				6	7	4	9	8	3	5	1	2
1	8	7	4	5	3	9	6	2				9	3	1	4	5	2	8	6	7
4	6	8	3	9	5	2	7	1	8	6	5	3	4	9	5	7	6	2	8	1
7	3	9	6	1	2	8	5	4	9	3	2	1	6	7	2	3	8	4	9	5
2	5	1	7	8	4	6	3	9	7	4	1	2	5	8	1	4	9	3	7	6
						7	6	2	4	9	3	5	8	1						
						9	4	3	1	5	8	6	7	2						
						5	1	8	2	7	6	4	9	3						
3	2	7	6	9	1	4	8	5	3	1	9	7	2	6	9	5	3	1	4	8
9	6	4	5	8	3	1	2	7	6	8	4	9	3	5	4	8	1	6	2	7
1	8	5	4	2	7	3	9	6	5	2	7	8	1	4	2	7	6	9	5	3
8	4	9	3	6	5	7	1	2				4	8	7	5	1	2	3	6	9
7	3	2	1	4	8	6	5	9				1	5	9	3	6	7	2	8	4
6	5	1	2	7	9	8	3	4				3	6	2	8	4	9	5	7	1
2	9	6	8	1	4	5	7	3				6	9	8	1	2	4	7	3	5
5	7	8	9	3	6	2	4	1				5	7	1	6	3	8	4	9	2
4	1	3	7	5	2	9	6	8				2	4	3	7	9	5	8	1	6

46

7	3	4	6	5	9	8	1	2				2	8	9	4	1	6	3	5	7
2	1	9	4	8	3	7	6	5				3	7	1	5	8	2	4	9	6
6	8	5	7	1	2	4	9	3				5	6	4	3	7	9	2	8	1
8	9	7	2	3	6	5	4	1				1	2	6	7	4	5	9	3	8
1	6	3	5	4	7	9	2	8				8	5	7	1	9	3	6	2	4
5	4	2	8	9	1	6	3	7				4	9	3	2	6	8	1	7	5
9	7	6	3	2	5	1	8	4	6	9	2	7	3	5	6	2	1	8	4	9
3	5	8	1	6	4	2	7	9	3	5	1	6	4	8	9	3	7	5	1	2
4	2	1	9	7	8	3	5	6	8	7	4	9	1	2	8	5	4	7	6	3
						6	9	2	1	4	8	5	7	3						
						4	1	5	7	3	6	8	2	9						
						7	3	8	5	2	9	4	6	1						
2	9	5	1	4	7	8	6	3	9	1	7	2	5	4	9	6	8	7	1	3
3	7	6	2	5	8	9	4	1	2	6	5	3	8	7	1	4	2	5	9	6
8	1	4	3	9	6	5	2	7	4	8	3	1	9	6	3	7	5	8	4	2
6	5	3	4	1	9	7	8	2				6	4	8	2	3	9	1	7	5
7	8	1	6	2	5	4	3	9				7	1	9	5	8	6	2	3	4
9	4	2	7	8	3	1	5	6				5	3	2	7	1	4	9	6	8
4	6	9	5	7	2	3	1	8				4	6	1	8	2	7	3	5	9
5	2	8	9	3	1	6	7	4				8	7	5	4	9	3	6	2	1
1	3	7	8	6	4	2	9	5				9	2	3	6	5	1	4	8	7

47

3	5	7	6	4	9	1	8	2				7	6	5	9	2	1	4	8	3
8	2	6	1	7	5	4	9	3				9	2	8	4	7	3	5	1	6
9	4	1	8	2	3	6	7	5				1	4	3	6	8	5	9	7	2
1	8	5	9	6	7	2	3	4				2	3	9	7	1	4	8	6	5
2	3	9	4	5	1	7	6	8				4	8	1	2	5	6	3	9	7
6	7	4	3	8	2	9	5	1				5	7	6	8	3	9	1	2	4
7	9	8	2	3	4	5	1	6	4	7	8	3	9	2	5	6	8	7	4	1
4	1	3	5	9	6	8	2	7	3	1	9	6	5	4	1	9	7	2	3	8
5	6	2	7	1	8	3	4	9	2	5	6	8	1	7	3	4	2	6	5	9
						9	7	4	8	2	5	1	6	3						
						2	3	8	6	4	1	9	7	5						
						1	6	5	7	9	3	2	4	8						
8	9	3	4	1	7	6	5	2	9	3	7	4	8	1	6	3	9	2	5	7
2	7	6	9	5	3	4	8	1	5	6	2	7	3	9	5	4	2	6	1	8
4	1	5	6	8	2	7	9	3	1	8	4	5	2	6	8	1	7	3	4	9
7	3	1	8	9	6	5	2	4				1	9	3	2	5	8	4	7	6
9	4	2	5	7	1	8	3	6				6	4	8	1	7	3	9	2	5
5	6	8	2	3	4	9	1	7				2	7	5	4	9	6	1	8	3
6	5	4	1	2	9	3	7	8				8	6	4	9	2	5	7	3	1
3	2	9	7	4	8	1	6	5				9	1	7	3	8	4	5	6	2
1	8	7	3	6	5	2	4	9				3	5	2	7	6	1	8	9	4

48

4	8	9	2	6	1	5	7	3				6	5	9	7	8	2	3	4	1
1	7	2	5	8	3	9	6	4				8	1	3	6	9	4	2	5	7
6	3	5	9	4	7	1	2	8				4	2	7	3	1	5	8	6	9
9	5	8	1	3	6	2	4	7				5	3	4	1	2	7	6	9	8
3	1	6	4	7	2	8	5	9				7	9	6	5	3	8	1	2	4
2	4	7	8	9	5	3	1	6				1	8	2	4	6	9	7	3	5
5	9	4	7	1	8	6	3	2	7	1	5	9	4	8	2	7	3	5	1	6
8	2	3	6	5	4	7	9	1	4	8	3	2	6	5	8	4	1	9	7	3
7	6	1	3	2	9	4	8	5	9	2	6	3	7	1	9	5	6	4	8	2
						9	4	7	2	5	8	6	1	3						
						2	1	8	6	3	4	7	5	9						
						3	5	6	1	7	9	8	2	4						
6	9	5	1	2	3	8	7	4	3	6	1	5	9	2	6	8	3	1	4	7
2	7	4	8	5	9	1	6	3	5	9	2	4	8	7	9	2	1	5	6	3
1	3	8	7	4	6	5	2	9	8	4	7	1	3	6	4	7	5	8	9	2
9	5	3	4	6	7	2	1	8				9	5	3	8	6	7	2	1	4
4	6	1	2	9	8	3	5	7				8	2	1	5	9	4	3	7	6
7	8	2	5	3	1	9	4	6				6	7	4	3	1	2	9	8	5
5	2	9	3	7	4	6	8	1				3	6	5	1	4	9	7	2	8
3	1	7	6	8	2	4	9	5				7	4	9	2	5	8	6	3	1
8	4	6	9	1	5	7	3	2				2	1	8	7	3	6	4	5	9

49

8	1	4	6	5	2	9	7	3				5	2	1	9	4	8	7	6	3
3	6	5	7	8	9	4	1	2				7	4	3	6	5	2	1	9	8
7	9	2	3	1	4	8	5	6				9	6	8	3	7	1	5	4	2
4	2	1	8	3	6	5	9	7				4	8	7	2	9	3	6	5	1
5	8	9	4	2	7	6	3	1				6	3	5	1	8	7	9	2	4
6	7	3	5	9	1	2	4	8				2	1	9	4	6	5	3	8	7
1	5	7	2	4	8	3	6	9	1	5	2	8	7	4	5	3	9	2	1	6
2	3	6	9	7	5	1	8	4	7	6	9	3	5	2	8	1	6	4	7	9
9	4	8	1	6	3	7	2	5	8	4	3	1	9	6	7	2	4	8	3	5
						4	5	2	6	9	1	7	8	3						
						6	3	1	4	8	7	5	2	9						
						8	9	7	3	2	5	6	4	1						
6	7	5	1	3	2	9	4	8	5	3	6	2	1	7	9	6	5	8	4	3
2	9	8	4	7	6	5	1	3	2	7	4	9	6	8	2	3	4	1	7	5
3	1	4	5	8	9	2	7	6	9	1	8	4	3	5	7	1	8	2	9	6
7	8	6	2	1	5	4	3	9				7	5	4	3	9	2	6	1	8
5	2	9	3	4	8	1	6	7				1	9	3	8	5	6	4	2	7
4	3	1	6	9	7	8	2	5				6	8	2	1	4	7	3	5	9
1	5	7	8	2	3	6	9	4				5	2	6	4	8	9	7	3	1
8	4	3	9	6	1	7	5	2				3	7	9	6	2	1	5	8	4
9	6	2	7	5	4	3	8	1				8	4	1	5	7	3	9	6	2

50

9	2	6	3	8	7	5	4	1				8	4	3	7	9	6	5	1	2
5	4	1	2	6	9	3	8	7				9	7	5	8	2	1	6	4	3
7	3	8	5	4	1	9	6	2				6	2	1	5	4	3	8	7	9
6	1	5	4	7	3	2	9	8				3	9	2	6	1	5	7	8	4
8	9	4	1	2	6	7	3	5				4	8	6	3	7	9	2	5	1
3	7	2	9	5	8	4	1	6				1	5	7	4	8	2	3	9	6
2	5	3	8	1	4	6	7	9	1	4	5	2	3	8	9	5	4	1	6	7
4	8	7	6	9	2	1	5	3	8	2	9	7	6	4	1	3	8	9	2	5
1	6	9	7	3	5	8	2	4	7	6	3	5	1	9	2	6	7	4	3	8
						9	6	8	3	5	2	1	4	7						
						3	1	2	9	7	4	6	8	5						
						5	4	7	6	1	8	3	9	2						
4	6	5	9	7	3	2	8	1	5	9	6	4	7	3	6	2	9	1	8	5
1	9	2	6	4	8	7	3	5	4	8	1	9	2	6	5	1	8	3	7	4
7	8	3	2	1	5	4	9	6	2	3	7	8	5	1	4	7	3	6	2	9
3	4	8	5	9	7	1	6	2				6	1	7	3	4	2	5	9	8
5	7	9	1	2	6	8	4	3				2	3	8	9	5	1	7	4	6
6	2	1	3	8	4	9	5	7				5	9	4	7	8	6	2	1	3
9	1	6	8	3	2	5	7	4				7	8	5	1	6	4	9	3	2
2	3	4	7	5	9	6	1	8				3	6	2	8	9	7	4	5	1
8	5	7	4	6	1	3	2	9				1	4	9	2	3	5	8	6	7

51

6	9	4	5	3	7	8	2	1				9	4	2	5	8	7	3	6	1
3	2	7	8	6	1	5	4	9				1	5	7	6	3	9	2	4	8
1	8	5	9	4	2	3	7	6				3	8	6	1	2	4	7	9	5
2	7	3	1	8	6	4	9	5				2	6	5	7	9	3	8	1	4
9	5	6	4	7	3	1	8	2				4	7	1	8	6	5	9	3	2
8	4	1	2	9	5	7	6	3				8	3	9	2	4	1	5	7	6
5	3	9	7	2	8	6	1	4	3	2	7	5	9	8	4	7	6	1	2	3
4	6	8	3	1	9	2	5	7	9	4	8	6	1	3	9	5	2	4	8	7
7	1	2	6	5	4	9	3	8	6	1	5	7	2	4	3	1	8	6	5	9
						4	9	6	2	8	1	3	7	5						
						3	7	1	4	5	9	2	8	6						
						8	2	5	7	3	6	9	4	1						
7	2	5	4	8	9	1	6	3	8	9	2	4	5	7	3	1	6	8	2	9
3	4	1	2	5	6	7	8	9	5	6	4	1	3	2	8	9	4	5	7	6
8	9	6	1	7	3	5	4	2	1	7	3	8	6	9	2	5	7	4	3	1
9	1	8	5	3	4	6	2	7				6	7	1	4	8	2	3	9	5
2	6	3	8	1	7	4	9	5				2	9	3	1	7	5	6	8	4
5	7	4	6	9	2	3	1	8				5	4	8	9	6	3	7	1	2
1	5	7	9	6	8	2	3	4				9	1	4	5	3	8	2	6	7
4	3	9	7	2	1	8	5	6				7	8	5	6	2	9	1	4	3
6	8	2	3	4	5	9	7	1				3	2	6	7	4	1	9	5	8

52

4	9	7	8	3	1	5	2	6				7	9	1	2	8	5	3	4	6
3	5	2	6	7	9	4	8	1				6	4	2	9	1	3	7	8	5
1	6	8	4	5	2	9	3	7				8	5	3	6	7	4	9	2	1
2	4	5	9	1	8	6	7	3				3	7	4	5	6	2	1	9	8
6	3	1	7	2	5	8	4	9				1	2	6	8	3	9	4	5	7
7	8	9	3	4	6	1	5	2				9	8	5	1	4	7	2	6	3
5	1	3	2	9	4	7	6	8	4	1	5	2	3	9	7	5	8	6	1	4
9	2	6	5	8	7	3	1	4	2	8	9	5	6	7	4	9	1	8	3	2
8	7	4	1	6	3	2	9	5	3	6	7	4	1	8	3	2	6	5	7	9
						6	5	2	7	9	3	8	4	1						
						4	8	3	6	2	1	9	7	5						
						9	7	1	5	4	8	6	2	3						
5	3	6	1	2	7	8	4	9	1	7	2	3	5	6	8	4	7	2	9	1
4	9	1	3	8	6	5	2	7	9	3	6	1	8	4	9	2	5	6	7	3
2	7	8	9	5	4	1	3	6	8	5	4	7	9	2	1	6	3	8	5	4
3	4	7	2	6	1	9	5	8				6	2	7	3	5	8	1	4	9
8	1	2	5	7	9	4	6	3				5	4	1	2	7	9	3	6	8
6	5	9	8	4	3	7	1	2				9	3	8	6	1	4	5	2	7
9	6	4	7	3	5	2	8	1				2	7	9	5	3	1	4	8	6
7	8	3	4	1	2	6	9	5				4	6	3	7	8	2	9	1	5
1	2	5	6	9	8	3	7	4				8	1	5	4	9	6	7	3	2

53

5	4	3	7	8	6	2	9	1				7	6	9	1	8	3	2	4	5
8	6	9	3	1	2	7	5	4				1	2	8	5	6	4	7	3	9
2	7	1	4	5	9	6	8	3				4	3	5	2	9	7	8	6	1
3	8	5	1	9	7	4	6	2				5	4	6	8	7	9	1	2	3
6	9	7	8	2	4	1	3	5				3	8	2	6	4	1	5	9	7
1	2	4	5	6	3	8	7	9				9	7	1	3	5	2	4	8	6
9	1	6	2	7	5	3	4	8	1	5	6	2	9	7	4	1	6	3	5	8
4	5	2	6	3	8	9	1	7	2	8	3	6	5	4	7	3	8	9	1	2
7	3	8	9	4	1	5	2	6	4	7	9	8	1	3	9	2	5	6	7	4
						8	6	3	5	4	1	7	2	9						
						1	7	5	8	9	2	3	4	6						
						4	9	2	3	6	7	1	8	5						
2	3	9	6	8	1	7	5	4	6	2	8	9	3	1	6	8	4	2	5	7
5	4	7	3	2	9	6	8	1	9	3	5	4	7	2	1	5	3	8	9	6
6	8	1	7	5	4	2	3	9	7	1	4	5	6	8	9	7	2	4	1	3
7	9	3	2	4	5	1	6	8				1	9	6	3	2	8	7	4	5
4	1	5	8	9	6	3	7	2				7	2	3	4	1	5	9	6	8
8	2	6	1	7	3	9	4	5				8	4	5	7	6	9	1	3	2
1	7	2	5	3	8	4	9	6				2	5	9	8	3	1	6	7	4
3	5	4	9	6	2	8	1	7				6	8	4	5	9	7	3	2	1
9	6	8	4	1	7	5	2	3				3	1	7	2	4	6	5	8	9

54

9	6	7	5	8	3	4	2	1				6	1	9	5	3	4	7	8	2
5	3	1	4	2	7	9	6	8				7	3	5	2	8	9	6	1	4
4	2	8	6	1	9	7	5	3				2	8	4	6	7	1	9	3	5
3	7	2	8	4	5	6	1	9				8	6	3	4	1	7	5	2	9
6	8	5	9	7	1	3	4	2				5	4	7	9	2	8	1	6	3
1	4	9	3	6	2	8	7	5				9	2	1	3	6	5	4	7	8
7	1	3	2	9	4	5	8	6	1	3	9	4	7	2	1	9	3	8	5	6
8	9	4	1	5	6	2	3	7	8	4	5	1	9	6	8	5	2	3	4	7
2	5	6	7	3	8	1	9	4	7	2	6	3	5	8	7	4	6	2	9	1
						8	4	2	6	5	3	7	1	9						
						3	7	9	2	1	4	6	8	5						
						6	5	1	9	8	7	2	4	3						
8	3	4	6	9	1	7	2	5	4	6	8	9	3	1	2	6	5	8	4	7
6	5	7	4	3	2	9	1	8	3	7	2	5	6	4	7	9	8	2	1	3
9	1	2	7	8	5	4	6	3	5	9	1	8	2	7	1	4	3	6	5	9
3	4	5	1	6	9	8	7	2				7	8	9	4	1	2	3	6	5
2	9	6	8	4	7	3	5	1				2	4	5	6	3	7	9	8	1
1	7	8	2	5	3	6	9	4				6	1	3	5	8	9	7	2	4
4	2	1	3	7	6	5	8	9				3	5	6	8	7	4	1	9	2
5	6	3	9	2	8	1	4	7				4	9	8	3	2	1	5	7	6
7	8	9	5	1	4	2	3	6				1	7	2	9	5	6	4	3	8

55

5	3	8	1	6	7	9	2	4				1	9	7	5	4	2	8	6	3
9	1	2	4	8	3	7	6	5				4	2	6	8	1	3	9	5	7
6	4	7	5	2	9	8	1	3				8	5	3	9	6	7	4	1	2
4	7	1	8	5	2	3	9	6				3	1	2	7	9	4	5	8	6
2	8	6	3	9	1	4	5	7				9	6	8	1	2	5	7	3	4
3	5	9	7	4	6	1	8	2				5	7	4	6	3	8	2	9	1
8	9	5	2	7	4	6	3	1	9	8	7	2	4	5	3	8	1	6	7	9
1	2	4	6	3	8	5	7	9	4	2	3	6	8	1	4	7	9	3	2	5
7	6	3	9	1	5	2	4	8	5	6	1	7	3	9	2	5	6	1	4	8
						1	9	3	6	5	8	4	2	7						
						7	2	5	3	1	4	8	9	6						
						8	6	4	2	7	9	5	1	3						
4	9	6	7	1	5	3	8	2	7	9	5	1	6	4	9	7	5	8	3	2
1	8	7	3	2	4	9	5	6	1	4	2	3	7	8	6	2	1	9	4	5
3	2	5	8	9	6	4	1	7	8	3	6	9	5	2	8	4	3	6	7	1
6	1	9	4	5	2	7	3	8				7	9	6	5	3	4	1	2	8
8	5	2	9	7	3	6	4	1				5	2	3	1	8	9	7	6	4
7	3	4	1	6	8	2	9	5				8	4	1	2	6	7	5	9	3
5	4	3	6	8	7	1	2	9				6	3	5	7	1	2	4	8	9
9	6	8	2	3	1	5	7	4				2	8	9	4	5	6	3	1	7
2	7	1	5	4	9	8	6	3				4	1	7	3	9	8	2	5	6

56

2	1	7	6	9	4	5	3	8				9	7	2	8	5	6	1	3	4
3	5	4	8	1	7	9	2	6				3	4	6	7	2	1	8	5	9
6	8	9	2	5	3	4	7	1				1	5	8	4	3	9	6	7	2
9	2	1	7	6	5	3	8	4				4	8	1	3	9	7	5	2	6
8	3	5	1	4	2	6	9	7				2	9	7	6	4	5	3	1	8
4	7	6	9	3	8	2	1	5				6	3	5	1	8	2	9	4	7
5	9	2	4	7	1	8	6	3	9	2	5	7	1	4	5	6	8	2	9	3
1	6	3	5	8	9	7	4	2	3	1	8	5	6	9	2	7	3	4	8	1
7	4	8	3	2	6	1	5	9	6	4	7	8	2	3	9	1	4	7	6	5
						9	7	1	2	8	4	6	3	5						
						6	2	4	5	7	3	1	9	8						
						3	8	5	1	9	6	2	4	7						
7	3	5	4	9	6	2	1	8	7	3	9	4	5	6	8	7	1	9	2	3
2	8	1	7	3	5	4	9	6	8	5	1	3	7	2	9	6	5	1	4	8
4	6	9	2	8	1	5	3	7	4	6	2	9	8	1	2	4	3	7	5	6
3	7	6	5	2	4	1	8	9				1	4	9	6	5	7	3	8	2
5	4	8	1	7	9	3	6	2				7	6	3	4	8	2	5	9	1
1	9	2	3	6	8	7	5	4				5	2	8	1	3	9	4	6	7
8	5	4	9	1	2	6	7	3				6	9	7	5	1	8	2	3	4
9	2	3	6	5	7	8	4	1				2	1	4	3	9	6	8	7	5
6	1	7	8	4	3	9	2	5				8	3	5	7	2	4	6	1	9

57

4	7	5	2	8	1	3	6	9				2	7	1	9	4	5	6	8	3
1	2	6	7	3	9	8	4	5				4	8	9	3	7	6	5	1	2
9	3	8	5	6	4	1	7	2				6	3	5	8	2	1	7	9	4
5	9	3	8	7	2	6	1	4				7	5	3	1	6	8	2	4	9
6	8	4	9	1	3	2	5	7				9	2	8	7	3	4	1	6	5
7	1	2	4	5	6	9	8	3				1	6	4	2	5	9	3	7	8
3	4	7	1	9	8	5	2	6	1	3	9	8	4	7	5	1	3	9	2	6
8	5	9	6	2	7	4	3	1	6	8	7	5	9	2	6	8	7	4	3	1
2	6	1	3	4	5	7	9	8	5	4	2	3	1	6	4	9	2	8	5	7
						9	5	3	2	1	4	7	6	8						
						2	8	7	3	9	6	4	5	1						
						1	6	4	7	5	8	9	2	3						
8	7	4	2	3	5	6	1	9	4	7	3	2	8	5	1	3	9	4	6	7
6	2	1	8	7	9	3	4	5	8	2	1	6	7	9	4	2	5	3	1	8
9	3	5	4	1	6	8	7	2	9	6	5	1	3	4	8	7	6	5	9	2
1	4	2	5	9	8	7	3	6				8	5	2	7	6	3	1	4	9
7	9	8	6	2	3	4	5	1				4	9	3	2	8	1	7	5	6
5	6	3	1	4	7	2	9	8				7	6	1	9	5	4	2	8	3
3	1	6	9	8	4	5	2	7				5	2	7	6	4	8	9	3	1
2	8	7	3	5	1	9	6	4				3	1	8	5	9	7	6	2	4
4	5	9	7	6	2	1	8	3				9	4	6	3	1	2	8	7	5

58

3	7	2	1	6	8	9	4	5				2	1	8	9	6	5	7	4	3
5	6	4	7	2	9	1	3	8				5	6	7	3	4	1	9	8	2
8	9	1	3	4	5	2	6	7				9	4	3	7	8	2	6	5	1
9	2	8	4	1	3	5	7	6				7	8	5	2	3	4	1	6	9
6	1	3	9	5	7	4	8	2				3	9	4	8	1	6	5	2	7
4	5	7	2	8	6	3	1	9				1	2	6	5	9	7	8	3	4
2	3	9	6	7	4	8	5	1	7	4	2	6	3	9	1	2	8	4	7	5
7	4	5	8	9	1	6	2	3	9	8	5	4	7	1	6	5	3	2	9	8
1	8	6	5	3	2	7	9	4	3	1	6	8	5	2	4	7	9	3	1	6
						9	4	8	6	5	1	3	2	7						
						5	1	7	2	3	4	9	8	6						
						2	3	6	8	7	9	1	4	5						
6	4	3	8	5	9	1	7	2	4	6	8	5	9	3	8	6	4	2	1	7
1	9	7	4	6	2	3	8	5	1	9	7	2	6	4	7	3	1	5	9	8
8	5	2	3	1	7	4	6	9	5	2	3	7	1	8	2	9	5	3	6	4
5	7	1	9	2	3	8	4	6				4	2	9	1	8	3	6	7	5
2	6	4	1	8	5	9	3	7				6	8	7	5	2	9	4	3	1
3	8	9	7	4	6	5	2	1				3	5	1	4	7	6	9	8	2
4	2	5	6	9	8	7	1	3				1	4	6	9	5	7	8	2	3
7	1	6	5	3	4	2	9	8				9	7	2	3	4	8	1	5	6
9	3	8	2	7	1	6	5	4				8	3	5	6	1	2	7	4	9

59

9	5	2	4	1	7	6	8	3				7	6	8	2	1	3	9	5	4
4	6	3	9	8	2	1	7	5				5	4	2	6	9	7	3	1	8
8	1	7	5	3	6	2	9	4				3	9	1	5	8	4	7	6	2
5	2	9	1	4	8	7	3	6				6	5	9	8	7	1	2	4	3
7	8	1	3	6	5	9	4	2				1	7	3	4	6	2	5	8	9
3	4	6	2	7	9	5	1	8				8	2	4	9	3	5	1	7	6
2	7	5	8	9	4	3	6	1	9	5	2	4	8	7	1	2	9	6	3	5
1	9	4	6	5	3	8	2	7	3	6	4	9	1	5	3	4	6	8	2	7
6	3	8	7	2	1	4	5	9	7	8	1	2	3	6	7	5	8	4	9	1
						7	8	4	2	1	5	3	6	9						
						2	9	3	4	7	6	8	5	1						
						6	1	5	8	9	3	7	2	4						
4	1	2	8	5	3	9	7	6	1	2	8	5	4	3	1	2	6	7	9	8
8	6	7	4	1	9	5	3	2	6	4	7	1	9	8	3	4	7	5	6	2
9	3	5	2	6	7	1	4	8	5	3	9	6	7	2	5	9	8	4	3	1
2	4	1	9	3	5	8	6	7				7	8	4	2	5	3	6	1	9
5	8	9	6	7	2	4	1	3				3	6	9	7	1	4	8	2	5
3	7	6	1	4	8	2	9	5				2	1	5	8	6	9	3	7	4
1	5	4	7	8	6	3	2	9				9	3	7	4	8	1	2	5	6
7	2	3	5	9	4	6	8	1				4	5	1	6	7	2	9	8	3
6	9	8	3	2	1	7	5	4				8	2	6	9	3	5	1	4	7

60

4	2	7	9	3	8	1	5	6				8	4	6	5	9	3	2	1	7
9	6	8	5	2	1	7	4	3				1	9	7	6	8	2	3	5	4
1	3	5	6	7	4	9	8	2				3	5	2	4	7	1	6	9	8
7	9	2	4	1	5	6	3	8				4	7	3	2	5	8	1	6	9
6	5	1	3	8	9	4	2	7				2	1	8	9	6	7	4	3	5
3	8	4	2	6	7	5	1	9				5	6	9	1	3	4	7	8	2
8	4	6	7	5	3	2	9	1	5	8	6	7	3	4	8	1	9	5	2	6
2	1	9	8	4	6	3	7	5	4	2	9	6	8	1	7	2	5	9	4	3
5	7	3	1	9	2	8	6	4	3	1	7	9	2	5	3	4	6	8	7	1
						1	8	3	2	6	5	4	7	9						
						9	5	6	7	3	4	8	1	2						
						7	4	2	1	9	8	5	6	3						
8	5	3	2	4	9	6	1	7	9	4	2	3	5	8	2	7	6	9	1	4
4	7	1	8	3	6	5	2	9	8	7	3	1	4	6	3	8	9	2	5	7
9	6	2	5	1	7	4	3	8	6	5	1	2	9	7	1	4	5	8	3	6
6	4	5	9	2	8	1	7	3				6	8	4	7	2	1	5	9	3
1	8	9	7	5	3	2	4	6				7	1	9	5	3	8	4	6	2
3	2	7	1	6	4	9	8	5				5	2	3	6	9	4	7	8	1
5	3	4	6	8	2	7	9	1				9	6	1	4	5	7	3	2	8
7	1	8	4	9	5	3	6	2				4	3	5	8	1	2	6	7	9
2	9	6	3	7	1	8	5	4				8	7	2	9	6	3	1	4	5

61

9	5	6	1	2	4	3	7	8				3	7	4	6	8	1	5	9	2
7	4	1	3	8	9	2	5	6				5	6	8	2	4	9	1	3	7
8	2	3	7	5	6	9	1	4				1	9	2	7	5	3	6	8	4
4	6	7	5	3	8	1	9	2				4	3	7	8	2	6	9	1	5
5	1	8	9	7	2	6	4	3				8	1	6	5	9	4	2	7	3
3	9	2	6	4	1	5	8	7				9	2	5	3	1	7	8	4	6
2	8	9	4	1	3	7	6	5	4	9	1	2	8	3	9	7	5	4	6	1
1	3	5	8	6	7	4	2	9	8	6	3	7	5	1	4	6	8	3	2	9
6	7	4	2	9	5	8	3	1	5	2	7	6	4	9	1	3	2	7	5	8
						1	7	6	9	3	5	4	2	8						
						2	9	4	1	8	6	3	7	5						
						3	5	8	2	7	4	9	1	6						
2	6	5	4	8	7	9	1	3	7	4	8	5	6	2	8	7	1	3	4	9
9	1	4	2	5	3	6	8	7	3	5	2	1	9	4	3	5	6	7	2	8
3	8	7	6	1	9	5	4	2	6	1	9	8	3	7	4	2	9	5	1	6
5	2	3	7	4	1	8	9	6				4	5	6	2	8	7	9	3	1
4	7	6	8	9	2	1	3	5				2	7	3	1	9	4	8	6	5
8	9	1	5	3	6	2	7	4				9	8	1	6	3	5	4	7	2
7	5	8	9	2	4	3	6	1				6	4	9	5	1	3	2	8	7
1	4	9	3	6	5	7	2	8				7	1	8	9	4	2	6	5	3
6	3	2	1	7	8	4	5	9				3	2	5	7	6	8	1	9	4

62

2	7	4	5	9	6	8	3	1				1	5	6	2	9	7	3	4	8
8	5	9	1	3	4	6	2	7				3	8	7	6	4	5	9	2	1
1	6	3	8	7	2	9	5	4				4	9	2	3	1	8	5	6	7
6	9	5	7	4	1	2	8	3				9	2	1	4	7	3	6	8	5
4	3	1	2	6	8	5	7	9				7	3	8	5	6	1	4	9	2
7	8	2	9	5	3	1	4	6				5	6	4	8	2	9	1	7	3
3	4	8	6	2	9	7	1	5	8	6	9	2	4	3	1	8	6	7	5	9
5	2	6	3	1	7	4	9	8	3	1	2	6	7	5	9	3	2	8	1	4
9	1	7	4	8	5	3	6	2	5	4	7	8	1	9	7	5	4	2	3	6
						1	2	7	6	3	5	9	8	4						
						5	8	3	1	9	4	7	6	2						
						6	4	9	2	7	8	5	3	1						
7	4	5	2	6	9	8	3	1	9	5	6	4	2	7	3	5	9	8	6	1
1	9	6	3	8	7	2	5	4	7	8	1	3	9	6	8	1	2	5	7	4
3	8	2	1	5	4	9	7	6	4	2	3	1	5	8	7	4	6	9	2	3
6	3	1	9	2	8	7	4	5				2	8	4	1	7	5	6	3	9
5	2	8	7	4	1	3	6	9				7	1	9	6	3	4	2	5	8
4	7	9	5	3	6	1	8	2				5	6	3	9	2	8	4	1	7
2	6	4	8	1	3	5	9	7				9	4	1	5	6	3	7	8	2
9	1	3	6	7	5	4	2	8				8	3	5	2	9	7	1	4	6
8	5	7	4	9	2	6	1	3				6	7	2	4	8	1	3	9	5

63

4	9	6	3	5	2	1	8	7				9	2	3	6	4	5	7	1	8
7	8	3	1	6	9	4	5	2				1	8	5	3	7	2	9	6	4
2	5	1	4	7	8	9	3	6				4	7	6	9	8	1	2	3	5
8	7	9	2	3	5	6	1	4				5	4	8	7	9	6	1	2	3
6	3	5	9	1	4	2	7	8				3	6	7	1	2	8	4	5	9
1	4	2	7	8	6	5	9	3				2	9	1	4	5	3	8	7	6
3	1	4	6	9	7	8	2	5	3	4	6	7	1	9	5	3	4	6	8	2
9	2	8	5	4	3	7	6	1	5	2	9	8	3	4	2	6	7	5	9	1
5	6	7	8	2	1	3	4	9	1	7	8	6	5	2	8	1	9	3	4	7
						9	5	7	2	3	4	1	8	6						
						6	1	4	7	8	5	2	9	3						
						2	8	3	6	9	1	5	4	7						
2	5	4	7	9	6	1	3	8	4	6	7	9	2	5	6	7	4	8	3	1
1	9	6	3	4	8	5	7	2	9	1	3	4	6	8	3	1	9	7	5	2
3	7	8	2	5	1	4	9	6	8	5	2	3	7	1	8	5	2	9	6	4
5	4	9	1	6	7	2	8	3				8	3	9	2	4	6	1	7	5
8	6	2	5	3	9	7	4	1				1	5	2	9	8	7	3	4	6
7	3	1	8	2	4	6	5	9				6	4	7	5	3	1	2	9	8
6	8	3	4	7	2	9	1	5				2	9	4	7	6	8	5	1	3
9	1	7	6	8	5	3	2	4				7	1	3	4	2	5	6	8	9
4	2	5	9	1	3	8	6	7				5	8	6	1	9	3	4	2	7

64

3	4	1	9	7	5	6	8	2				7	1	9	8	6	3	4	5	2
2	7	9	8	3	6	1	4	5				8	6	4	2	9	5	7	1	3
5	8	6	2	4	1	3	9	7				2	5	3	1	7	4	8	9	6
1	9	7	5	8	2	4	3	6				1	3	5	6	8	7	9	2	4
4	6	2	3	9	7	5	1	8				4	2	7	5	3	9	1	6	8
8	3	5	6	1	4	7	2	9				9	8	6	4	2	1	5	3	7
9	1	3	7	5	8	2	6	4	3	9	8	5	7	1	3	4	2	6	8	9
7	2	4	1	6	9	8	5	3	4	7	1	6	9	2	7	5	8	3	4	1
6	5	8	4	2	3	9	7	1	2	6	5	3	4	8	9	1	6	2	7	5
						5	8	2	9	3	6	7	1	4						
						6	3	7	8	1	4	9	2	5						
						1	4	9	5	2	7	8	3	6						
3	2	5	8	9	7	4	1	6	7	8	9	2	5	3	8	6	4	1	7	9
9	4	6	5	3	1	7	2	8	1	5	3	4	6	9	1	2	7	5	3	8
8	1	7	2	6	4	3	9	5	6	4	2	1	8	7	3	9	5	4	2	6
6	5	4	7	1	9	2	8	3				8	9	4	7	1	2	3	6	5
2	9	3	4	8	5	1	6	7				5	3	1	9	4	6	7	8	2
7	8	1	3	2	6	9	5	4				6	7	2	5	3	8	9	1	4
4	3	8	9	5	2	6	7	1				9	2	6	4	7	3	8	5	1
1	7	9	6	4	8	5	3	2				7	4	8	6	5	1	2	9	3
5	6	2	1	7	3	8	4	9				3	1	5	2	8	9	6	4	7

65

2	1	7	4	9	8	3	6	5				2	4	9	3	7	8	1	6	5
4	5	3	2	1	6	9	8	7				8	1	3	6	2	5	9	7	4
9	8	6	5	3	7	2	4	1				5	7	6	4	9	1	3	2	8
8	6	9	7	4	2	5	1	3				1	3	7	8	4	9	2	5	6
5	7	4	1	6	3	8	9	2				4	9	5	2	6	3	8	1	7
1	3	2	9	8	5	6	7	4				6	2	8	1	5	7	4	9	3
7	4	8	3	2	9	1	5	6	7	9	4	3	8	2	5	1	6	7	4	9
3	9	1	6	5	4	7	2	8	1	6	3	9	5	4	7	8	2	6	3	1
6	2	5	8	7	1	4	3	9	2	8	5	7	6	1	9	3	4	5	8	2
						2	9	3	5	1	6	8	4	7						
						6	4	1	9	7	8	5	2	3						
						5	8	7	4	3	2	6	1	9						
2	4	1	8	6	3	9	7	5	8	4	1	2	3	6	8	1	9	4	7	5
5	7	3	1	2	9	8	6	4	3	2	7	1	9	5	4	3	7	6	2	8
6	8	9	7	5	4	3	1	2	6	5	9	4	7	8	2	5	6	1	3	9
8	9	5	6	1	7	4	2	3				6	1	3	9	8	4	2	5	7
3	2	6	4	9	8	7	5	1				9	4	7	1	2	5	8	6	3
4	1	7	5	3	2	6	8	9				8	5	2	6	7	3	9	4	1
7	3	2	9	8	5	1	4	6				5	2	4	7	9	8	3	1	6
1	5	4	3	7	6	2	9	8				7	6	9	3	4	1	5	8	2
9	6	8	2	4	1	5	3	7				3	8	1	5	6	2	7	9	4

66

3	4	5	8	6	9	7	1	2				1	2	8	7	4	3	5	6	9
2	1	8	4	5	7	3	9	6				9	7	6	5	1	2	3	4	8
9	7	6	2	1	3	4	5	8				4	3	5	9	6	8	7	1	2
1	2	9	7	8	6	5	3	4				8	5	7	6	2	1	9	3	4
6	8	7	5	3	4	9	2	1				2	1	4	3	7	9	6	8	5
5	3	4	9	2	1	6	8	7				6	9	3	8	5	4	1	2	7
7	6	1	3	9	8	2	4	5	9	6	3	7	8	1	2	3	5	4	9	6
4	9	2	1	7	5	8	6	3	7	1	2	5	4	9	1	8	6	2	7	3
8	5	3	6	4	2	1	7	9	4	8	5	3	6	2	4	9	7	8	5	1
						9	3	8	6	5	4	2	1	7						
						5	1	4	3	2	7	6	9	8						
						6	2	7	1	9	8	4	3	5						
2	3	6	9	4	8	7	5	1	8	3	6	9	2	4	8	5	1	6	3	7
4	1	9	7	6	5	3	8	2	5	4	9	1	7	6	3	9	2	8	4	5
5	7	8	1	3	2	4	9	6	2	7	1	8	5	3	7	4	6	1	9	2
9	4	7	2	8	1	5	6	3				2	4	7	6	3	9	5	8	1
8	6	2	4	5	3	9	1	7				6	8	9	1	2	5	4	7	3
3	5	1	6	7	9	8	2	4				5	3	1	4	8	7	9	2	6
1	9	3	8	2	4	6	7	5				4	1	5	2	7	8	3	6	9
6	8	5	3	1	7	2	4	9				3	9	2	5	6	4	7	1	8
7	2	4	5	9	6	1	3	8				7	6	8	9	1	3	2	5	4

67

7	2	9	8	6	5	3	4	1				4	1	3	8	9	6	2	5	7
4	5	8	9	3	1	7	6	2				6	7	9	5	4	2	8	3	1
6	3	1	4	7	2	9	5	8				8	5	2	1	3	7	6	9	4
1	6	5	2	8	9	4	7	3				5	3	6	7	2	4	9	1	8
3	8	7	6	1	4	5	2	9				1	4	7	9	5	8	3	6	2
9	4	2	3	5	7	8	1	6				2	9	8	3	6	1	7	4	5
2	7	4	1	9	8	6	3	5	7	8	4	9	2	1	6	7	5	4	8	3
5	9	3	7	2	6	1	8	4	2	9	3	7	6	5	4	8	3	1	2	9
8	1	6	5	4	3	2	9	7	6	5	1	3	8	4	2	1	9	5	7	6
						5	4	8	9	7	2	6	1	3						
						9	6	3	4	1	8	2	5	7						
						7	2	1	3	6	5	4	9	8						
3	6	8	7	2	5	4	1	9	5	2	7	8	3	6	4	5	7	2	9	1
1	9	5	4	6	3	8	7	2	1	3	6	5	4	9	1	6	2	8	7	3
4	7	2	1	8	9	3	5	6	8	4	9	1	7	2	8	9	3	4	5	6
8	1	7	9	5	6	2	4	3				4	2	5	7	3	8	1	6	9
9	4	6	2	3	1	5	8	7				7	9	8	6	1	5	3	2	4
2	5	3	8	4	7	6	9	1				6	1	3	2	4	9	7	8	5
5	8	1	3	7	2	9	6	4				2	5	4	9	7	1	6	3	8
7	2	4	6	9	8	1	3	5				3	6	7	5	8	4	9	1	2
6	3	9	5	1	4	7	2	8				9	8	1	3	2	6	5	4	7

68

6	5	2	4	3	1	8	9	7				3	1	4	2	9	5	6	7	8
3	4	9	7	8	5	6	1	2				9	7	8	3	6	1	5	4	2
7	8	1	6	2	9	3	4	5				6	2	5	8	4	7	9	3	1
9	2	8	1	4	7	5	3	6				1	5	2	9	7	6	4	8	3
5	1	7	3	6	2	4	8	9				7	8	6	4	3	2	1	9	5
4	6	3	9	5	8	2	7	1				4	9	3	5	1	8	2	6	7
2	9	5	8	1	4	7	6	3	2	5	9	8	4	1	7	5	9	3	2	6
8	7	6	2	9	3	1	5	4	7	8	3	2	6	9	1	8	3	7	5	4
1	3	4	5	7	6	9	2	8	1	4	6	5	3	7	6	2	4	8	1	9
						8	3	5	9	2	7	4	1	6						
						2	9	7	4	6	1	3	8	5						
						6	4	1	5	3	8	7	9	2						
2	5	1	6	7	3	4	8	9	6	7	2	1	5	3	9	4	7	8	6	2
4	3	8	9	2	1	5	7	6	3	1	4	9	2	8	3	5	6	4	1	7
9	6	7	4	5	8	3	1	2	8	9	5	6	7	4	2	1	8	3	9	5
7	1	6	2	9	5	8	4	3				8	1	2	4	7	9	5	3	6
8	9	5	3	6	4	7	2	1				3	6	5	1	8	2	7	4	9
3	2	4	1	8	7	9	6	5				7	4	9	5	6	3	1	2	8
5	8	2	7	1	9	6	3	4				5	3	7	6	9	1	2	8	4
1	7	3	5	4	6	2	9	8				4	9	1	8	2	5	6	7	3
6	4	9	8	3	2	1	5	7				2	8	6	7	3	4	9	5	1

69

9	3	8	6	7	5	2	4	1				4	3	6	8	1	2	9	5	7
2	6	1	9	3	4	8	5	7				2	1	5	4	9	7	3	8	6
7	4	5	8	2	1	6	3	9				8	7	9	5	3	6	2	1	4
3	5	9	2	1	7	4	8	6				6	8	1	9	7	5	4	2	3
8	1	2	3	4	6	9	7	5				7	2	4	3	8	1	5	6	9
4	7	6	5	8	9	1	2	3				9	5	3	6	2	4	8	7	1
5	8	4	1	6	3	7	9	2	3	4	1	5	6	8	1	4	3	7	9	2
1	9	7	4	5	2	3	6	8	9	5	7	1	4	2	7	5	9	6	3	8
6	2	3	7	9	8	5	1	4	8	6	2	3	9	7	2	6	8	1	4	5
						9	5	6	1	2	3	7	8	4						
						1	2	7	4	8	6	9	3	5						
						8	4	3	5	7	9	6	2	1						
1	8	5	2	6	3	4	7	9	2	3	5	8	1	6	3	5	4	7	9	2
9	6	4	1	7	8	2	3	5	6	1	8	4	7	9	1	2	6	8	3	5
3	7	2	4	5	9	6	8	1	7	9	4	2	5	3	8	7	9	1	4	6
6	2	9	3	8	7	5	1	4				1	8	7	4	6	2	3	5	9
5	3	7	9	4	1	8	2	6				5	6	2	9	8	3	4	7	1
8	4	1	6	2	5	3	9	7				9	3	4	5	1	7	2	6	8
4	9	6	7	3	2	1	5	8				7	9	1	6	4	8	5	2	3
7	5	3	8	1	4	9	6	2				6	4	8	2	3	5	9	1	7
2	1	8	5	9	6	7	4	3				3	2	5	7	9	1	6	8	4

70

2	9	8	5	1	7	4	6	3
7	5	6	3	4	9	8	2	1
4	3	1	2	8	6	7	5	9
5	6	3	4	9	8	1	7	2
1	8	4	7	2	3	5	9	6
9	2	7	1	6	5	3	4	8
3	4	2	9	7	1	6	8	5
6	1	9	8	5	4	2	3	7
8	7	5	6	3	2	9	1	4

7	9	6	4	1	5	8	3	2
8	2	3	7	6	9	1	4	5
5	4	1	3	8	2	7	6	9
2	3	8	9	4	7	5	1	6
9	1	5	2	3	6	4	8	7
4	6	7	1	5	8	9	2	3
1	7	4	6	9	3	2	5	8
6	8	9	5	2	1	3	7	4
3	5	2	8	7	4	6	9	1

6	8	5	9	2	3	1	7	4
2	3	7	4	1	5	6	8	9
9	1	4	6	7	8	3	5	2
7	4	3	1	9	2	8	6	5
5	2	8	7	3	6	9	4	1
1	9	6	8	5	4	7	2	3
4	7	2	3	8	9	5	1	6
8	6	9	5	4	1	2	3	7
3	5	1	2	6	7	4	9	8

3	8	1	6	5	9	4	7	2
7	2	5	4	3	1	8	6	9
4	6	9	2	8	7	3	5	1
8	1	4	3	2	6	5	9	7
6	3	7	9	4	5	2	1	8
5	9	2	7	1	8	6	3	4
2	4	6	1	9	3	7	8	5
1	7	8	5	6	4	9	2	3
9	5	3	8	7	2	1	4	6

5	1	6	2	9	8	7	4	3
2	3	7	5	6	4	1	9	8
4	9	8	1	7	3	2	6	5
7	5	4	3	2	1	6	8	9
3	6	2	7	8	9	4	5	1
1	8	9	4	5	6	3	7	2
9	7	1	6	3	5	8	2	4
6	4	5	8	1	2	9	3	7
8	2	3	9	4	7	5	1	6

71

4	9	7	3	6	1	2	8	5				5	7	4	2	8	6	1	9	3
1	8	6	5	2	4	7	3	9				3	6	8	1	9	5	7	4	2
3	5	2	8	9	7	1	4	6				1	9	2	4	3	7	5	8	6
6	7	1	4	8	2	9	5	3				7	4	6	8	1	2	9	3	5
2	3	8	1	5	9	4	6	7				8	1	9	5	7	3	2	6	4
9	4	5	6	7	3	8	2	1				2	5	3	9	6	4	8	1	7
5	6	9	7	4	8	3	1	2	6	9	5	4	8	7	3	5	1	6	2	9
8	2	3	9	1	5	6	7	4	1	2	8	9	3	5	6	2	8	4	7	1
7	1	4	2	3	6	5	9	8	4	7	3	6	2	1	7	4	9	3	5	8
						1	6	5	2	8	9	7	4	3						
						9	8	3	7	4	6	5	1	2						
						2	4	7	3	5	1	8	9	6						
6	8	3	9	7	5	4	2	1	8	6	7	3	5	9	4	7	6	2	1	8
9	7	2	3	1	4	8	5	6	9	3	2	1	7	4	8	5	2	6	9	3
1	5	4	6	8	2	7	3	9	5	1	4	2	6	8	3	1	9	7	4	5
2	9	1	7	6	3	5	8	4				9	3	2	1	8	4	5	6	7
4	6	7	8	5	9	2	1	3				7	4	1	6	3	5	9	8	2
5	3	8	2	4	1	9	6	7				5	8	6	2	9	7	4	3	1
7	1	9	5	2	6	3	4	8				4	9	3	5	2	8	1	7	6
3	4	5	1	9	8	6	7	2				8	2	7	9	6	1	3	5	4
8	2	6	4	3	7	1	9	5				6	1	5	7	4	3	8	2	9

72

8	2	9	5	4	1	7	6	3				3	4	6	1	2	5	9	7	8
7	1	6	8	2	3	4	9	5				8	7	5	9	6	4	3	2	1
3	5	4	7	9	6	2	1	8				1	9	2	8	3	7	6	5	4
4	6	8	9	7	5	3	2	1				2	3	9	6	5	8	1	4	7
9	7	1	2	3	4	8	5	6				7	6	4	2	1	3	8	9	5
5	3	2	6	1	8	9	4	7				5	8	1	4	7	9	2	3	6
6	8	7	4	5	9	1	3	2	9	4	8	6	5	7	3	9	1	4	8	2
2	4	3	1	6	7	5	8	9	1	7	6	4	2	3	5	8	6	7	1	9
1	9	5	3	8	2	6	7	4	5	2	3	9	1	8	7	4	2	5	6	3
						8	5	6	7	3	1	2	9	4						
						4	9	1	8	5	2	3	7	6						
						3	2	7	6	9	4	1	8	5						
6	4	8	2	3	9	7	1	5	4	6	9	8	3	2	7	6	9	5	1	4
9	3	5	1	6	7	2	4	8	3	1	7	5	6	9	4	2	1	7	8	3
7	1	2	8	5	4	9	6	3	2	8	5	7	4	1	8	3	5	6	9	2
5	7	9	4	2	6	8	3	1				6	2	8	5	1	4	3	7	9
2	8	3	9	1	5	6	7	4				4	7	5	3	9	8	2	6	1
4	6	1	3	7	8	5	2	9				9	1	3	6	7	2	4	5	8
1	2	7	5	9	3	4	8	6				1	5	6	9	4	3	8	2	7
3	9	4	6	8	2	1	5	7				2	8	4	1	5	7	9	3	6
8	5	6	7	4	1	3	9	2				3	9	7	2	8	6	1	4	5

73

3	9	2	4	6	5	7	1	8				4	7	6	5	8	2	9	3	1
5	4	1	8	7	9	6	2	3				2	5	3	1	7	9	6	8	4
6	7	8	3	1	2	4	9	5				9	1	8	6	4	3	5	7	2
9	5	4	6	2	7	3	8	1				7	4	5	8	2	6	3	1	9
1	6	7	5	3	8	9	4	2				8	6	9	7	3	1	4	2	5
2	8	3	9	4	1	5	6	7				3	2	1	4	9	5	7	6	8
7	3	6	1	8	4	2	5	9	1	8	7	6	3	4	9	1	8	2	5	7
8	2	5	7	9	6	1	3	4	6	2	9	5	8	7	2	6	4	1	9	3
4	1	9	2	5	3	8	7	6	3	4	5	1	9	2	3	5	7	8	4	6
						5	1	8	7	3	2	9	4	6						
						9	2	7	5	6	4	3	1	8						
						4	6	3	9	1	8	7	2	5						
5	2	8	9	7	3	6	4	1	2	7	3	8	5	9	4	1	6	2	7	3
7	4	1	6	5	8	3	9	2	8	5	6	4	7	1	5	2	3	8	6	9
9	3	6	2	4	1	7	8	5	4	9	1	2	6	3	8	9	7	1	4	5
1	9	2	4	3	7	5	6	8				7	9	8	1	5	4	6	3	2
3	5	4	8	6	9	2	1	7				6	4	2	3	7	8	9	5	1
8	6	7	5	1	2	4	3	9				3	1	5	2	6	9	4	8	7
2	1	3	7	8	6	9	5	4				1	8	6	7	3	2	5	9	4
4	8	9	3	2	5	1	7	6				5	3	4	9	8	1	7	2	6
6	7	5	1	9	4	8	2	3				9	2	7	6	4	5	3	1	8

74

1	4	9	8	3	6	5	2	7				9	6	5	8	2	4	3	7	1
6	7	2	1	9	5	4	3	8				2	8	1	6	3	7	9	5	4
8	3	5	2	4	7	1	6	9				4	3	7	9	1	5	2	8	6
2	6	8	7	1	3	9	5	4				3	1	6	5	7	2	4	9	8
4	5	7	9	6	8	2	1	3				8	4	2	3	9	6	5	1	7
9	1	3	5	2	4	7	8	6				5	7	9	4	8	1	6	3	2
7	8	1	3	5	9	6	4	2	3	9	1	7	5	8	2	4	3	1	6	9
5	9	4	6	8	2	3	7	1	2	8	5	6	9	4	1	5	8	7	2	3
3	2	6	4	7	1	8	9	5	4	7	6	1	2	3	7	6	9	8	4	5
						5	1	9	7	4	3	2	8	6						
						7	8	4	6	5	2	3	1	9						
						2	6	3	8	1	9	5	4	7						
9	1	3	7	2	8	4	5	6	9	2	7	8	3	1	4	6	5	9	2	7
6	4	8	1	3	5	9	2	7	1	3	8	4	6	5	2	9	7	8	1	3
5	2	7	4	9	6	1	3	8	5	6	4	9	7	2	8	1	3	4	5	6
7	9	2	3	8	1	5	6	4				1	5	8	7	2	6	3	4	9
4	3	5	6	7	2	8	1	9				7	4	6	3	5	9	1	8	2
8	6	1	5	4	9	2	7	3				2	9	3	1	4	8	7	6	5
2	7	4	8	5	3	6	9	1				5	1	4	9	7	2	6	3	8
1	8	9	2	6	7	3	4	5				3	2	7	6	8	4	5	9	1
3	5	6	9	1	4	7	8	2				6	8	9	5	3	1	2	7	4

75

9	4	8	6	1	7	3	5	2				4	6	7	3	2	1	5	8	9
3	6	7	5	2	4	1	8	9				2	3	9	5	8	7	1	6	4
1	5	2	9	8	3	4	7	6				5	8	1	4	9	6	2	7	3
7	9	3	1	6	5	2	4	8				1	4	8	6	3	5	7	9	2
6	2	1	3	4	8	5	9	7				7	5	3	2	1	9	6	4	8
4	8	5	7	9	2	6	1	3				9	2	6	8	7	4	3	1	5
8	3	4	2	7	1	9	6	5	1	8	4	3	7	2	1	4	8	9	5	6
2	1	9	8	5	6	7	3	4	2	6	9	8	1	5	9	6	2	4	3	7
5	7	6	4	3	9	8	2	1	3	7	5	6	9	4	7	5	3	8	2	1
						6	9	8	7	4	3	2	5	1						
						5	4	7	8	1	2	9	3	6						
						2	1	3	5	9	6	4	8	7						
5	9	2	1	8	3	4	7	6	9	3	1	5	2	8	9	4	6	3	1	7
7	6	1	5	9	4	3	8	2	6	5	7	1	4	9	7	3	2	6	5	8
4	8	3	7	6	2	1	5	9	4	2	8	7	6	3	8	5	1	2	4	9
3	1	8	6	7	5	2	9	4				8	9	1	3	2	5	7	6	4
9	2	5	4	3	1	8	6	7				2	7	4	1	6	9	5	8	3
6	4	7	8	2	9	5	3	1				6	3	5	4	7	8	9	2	1
2	7	6	3	4	8	9	1	5				3	1	2	6	9	4	8	7	5
1	3	9	2	5	7	6	4	8				4	5	7	2	8	3	1	9	6
8	5	4	9	1	6	7	2	3				9	8	6	5	1	7	4	3	2

76

7	5	4	8	6	3	9	1	2				9	3	7	2	1	5	6	4	8
6	2	1	4	7	9	8	3	5				4	5	6	9	8	7	1	3	2
9	8	3	5	2	1	6	7	4				8	2	1	6	4	3	9	5	7
8	1	9	2	4	5	7	6	3				1	7	9	4	3	2	8	6	5
4	7	2	6	3	8	5	9	1				3	6	5	8	7	9	2	1	4
5	3	6	9	1	7	2	4	8				2	8	4	1	5	6	3	7	9
2	6	5	1	9	4	3	8	7	6	1	4	5	9	2	7	6	1	4	8	3
3	4	8	7	5	6	1	2	9	8	7	5	6	4	3	5	2	8	7	9	1
1	9	7	3	8	2	4	5	6	9	2	3	7	1	8	3	9	4	5	2	6
						8	6	4	5	3	2	9	7	1						
						7	3	2	1	6	9	8	5	4						
						5	9	1	7	4	8	3	2	6						
5	7	6	3	4	9	2	1	8	3	9	7	4	6	5	9	3	1	8	7	2
2	8	3	7	6	1	9	4	5	2	8	6	1	3	7	8	2	5	4	6	9
1	4	9	8	2	5	6	7	3	4	5	1	2	8	9	7	4	6	3	1	5
3	9	7	5	1	2	8	6	4				7	1	8	2	9	4	6	5	3
4	1	8	6	9	7	5	3	2				5	4	6	1	8	3	9	2	7
6	2	5	4	3	8	7	9	1				3	9	2	5	6	7	1	4	8
7	3	2	1	8	6	4	5	9				6	2	3	4	7	9	5	8	1
8	6	1	9	5	4	3	2	7				8	5	4	3	1	2	7	9	6
9	5	4	2	7	3	1	8	6				9	7	1	6	5	8	2	3	4

77

2	4	6	8	1	5	3	9	7				7	5	8	1	2	4	9	3	6
1	9	5	3	7	4	2	8	6				4	9	6	8	3	7	5	1	2
8	3	7	2	6	9	1	4	5				1	2	3	5	9	6	8	4	7
7	5	9	4	2	1	6	3	8				6	1	4	7	8	5	3	2	9
4	8	2	6	5	3	9	7	1				3	8	2	4	1	9	7	6	5
3	6	1	7	9	8	4	5	2				9	7	5	3	6	2	1	8	4
6	2	8	9	3	7	5	1	4	9	8	6	2	3	7	9	4	1	6	5	8
9	1	4	5	8	2	7	6	3	1	2	5	8	4	9	6	5	3	2	7	1
5	7	3	1	4	6	8	2	9	3	7	4	5	6	1	2	7	8	4	9	3
						6	8	7	5	3	9	4	1	2						
						1	9	5	4	6	2	3	7	8						
						4	3	2	7	1	8	9	5	6						
5	3	9	4	6	8	2	7	1	8	5	3	6	9	4	3	1	8	5	7	2
6	4	7	2	1	3	9	5	8	6	4	1	7	2	3	6	9	5	8	1	4
8	1	2	5	9	7	3	4	6	2	9	7	1	8	5	7	2	4	9	3	6
2	7	6	8	5	9	1	3	4				9	6	1	5	7	2	4	8	3
1	5	8	3	4	2	6	9	7				8	5	7	4	6	3	1	2	9
4	9	3	1	7	6	8	2	5				3	4	2	1	8	9	6	5	7
9	8	4	6	3	5	7	1	2				5	7	6	2	4	1	3	9	8
7	2	5	9	8	1	4	6	3				2	3	8	9	5	6	7	4	1
3	6	1	7	2	4	5	8	9				4	1	9	8	3	7	2	6	5

78

8	2	9	5	6	3	4	7	1				5	1	4	2	8	6	3	9	7
5	7	4	9	8	1	3	2	6				3	9	6	7	5	1	2	4	8
6	3	1	2	7	4	8	9	5				2	7	8	9	4	3	1	5	6
1	9	5	8	4	2	7	6	3				4	2	3	8	9	5	6	7	1
2	8	7	6	3	5	1	4	9				7	6	5	1	3	2	4	8	9
4	6	3	1	9	7	5	8	2				9	8	1	6	7	4	5	2	3
7	1	8	3	2	9	6	5	4	7	9	1	8	3	2	4	6	9	7	1	5
3	4	2	7	5	6	9	1	8	2	5	3	6	4	7	5	1	8	9	3	2
9	5	6	4	1	8	2	3	7	4	8	6	1	5	9	3	2	7	8	6	4
						5	7	3	1	4	8	2	9	6						
						8	2	6	9	3	7	5	1	4						
						1	4	9	6	2	5	7	8	3						
4	7	8	1	5	9	3	6	2	8	1	9	4	7	5	2	8	9	1	6	3
3	1	9	2	6	7	4	8	5	3	7	2	9	6	1	5	3	4	7	8	2
6	5	2	4	8	3	7	9	1	5	6	4	3	2	8	1	6	7	9	4	5
5	9	3	7	2	8	1	4	6				7	4	3	9	1	6	2	5	8
1	6	7	9	4	5	8	2	3				5	8	6	4	7	2	3	9	1
8	2	4	6	3	1	5	7	9				2	1	9	8	5	3	4	7	6
9	4	5	8	1	6	2	3	7				6	9	2	3	4	5	8	1	7
2	3	6	5	7	4	9	1	8				8	5	4	7	2	1	6	3	9
7	8	1	3	9	2	6	5	4				1	3	7	6	9	8	5	2	4

79

6	2	9	7	4	1	8	3	5				6	2	7	8	1	3	9	4	5
5	1	4	6	8	3	2	7	9				5	4	3	2	9	6	7	8	1
8	3	7	5	9	2	4	1	6				8	9	1	4	5	7	2	6	3
2	5	8	4	1	6	3	9	7				2	3	5	6	7	4	1	9	8
7	9	1	3	2	8	6	5	4				9	6	8	3	2	1	5	7	4
4	6	3	9	7	5	1	2	8				7	1	4	5	8	9	3	2	6
1	8	5	2	6	7	9	4	3	8	7	6	1	5	2	7	4	8	6	3	9
9	7	6	1	3	4	5	8	2	1	9	3	4	7	6	9	3	5	8	1	2
3	4	2	8	5	9	7	6	1	4	2	5	3	8	9	1	6	2	4	5	7
						6	7	4	2	5	8	9	1	3						
						8	2	9	3	1	7	6	4	5						
						1	3	5	9	6	4	8	2	7						
9	5	3	4	7	8	2	1	6	7	4	9	5	3	8	1	7	2	6	4	9
2	7	6	1	5	3	4	9	8	5	3	2	7	6	1	9	4	5	8	2	3
1	4	8	6	2	9	3	5	7	6	8	1	2	9	4	3	8	6	5	7	1
4	6	2	9	3	1	8	7	5				6	4	3	5	2	7	9	1	8
8	1	5	2	6	7	9	4	3				1	2	7	8	9	3	4	6	5
3	9	7	5	8	4	1	6	2				9	8	5	4	6	1	7	3	2
7	2	4	3	1	5	6	8	9				4	1	2	7	5	8	3	9	6
5	3	9	8	4	6	7	2	1				3	5	9	6	1	4	2	8	7
6	8	1	7	9	2	5	3	4				8	7	6	2	3	9	1	5	4

80

8	4	1	6	7	9	2	3	5				4	2	5	3	8	6	1	9	7
5	7	6	3	4	2	8	1	9				8	9	7	4	2	1	5	3	6
3	2	9	1	5	8	7	4	6				6	1	3	5	9	7	4	8	2
9	1	4	2	3	6	5	8	7				7	4	6	1	3	5	9	2	8
7	8	5	4	9	1	6	2	3				1	8	9	6	7	2	3	4	5
2	6	3	5	8	7	1	9	4				3	5	2	9	4	8	7	6	1
1	5	2	9	6	3	4	7	8	6	9	2	5	3	1	2	6	4	8	7	9
6	9	7	8	1	4	3	5	2	4	1	7	9	6	8	7	5	3	2	1	4
4	3	8	7	2	5	9	6	1	8	5	3	2	7	4	8	1	9	6	5	3
						7	2	6	5	8	1	4	9	3						
						8	3	4	7	2	9	6	1	5						
						1	9	5	3	6	4	7	8	2						
5	3	1	2	8	9	6	4	7	1	3	5	8	2	9	1	7	3	6	4	5
2	6	8	3	4	7	5	1	9	2	7	8	3	4	6	2	5	9	8	7	1
4	9	7	5	6	1	2	8	3	9	4	6	1	5	7	4	6	8	2	3	9
1	8	9	4	2	6	7	3	5				7	1	8	6	4	5	3	9	2
3	2	4	7	9	5	1	6	8				5	6	3	9	2	1	4	8	7
7	5	6	1	3	8	4	9	2				2	9	4	3	8	7	1	5	6
9	7	5	8	1	4	3	2	6				4	3	5	7	1	2	9	6	8
6	1	3	9	5	2	8	7	4				9	7	2	8	3	6	5	1	4
8	4	2	6	7	3	9	5	1				6	8	1	5	9	4	7	2	3

81

9	4	5	1	8	3	7	2	6				9	6	1	7	2	5	8	3	4
7	8	2	4	6	9	1	3	5				5	4	2	9	3	8	6	1	7
3	6	1	2	7	5	4	9	8				7	8	3	4	6	1	2	5	9
6	5	9	3	4	1	2	8	7				4	9	5	1	8	6	7	2	3
2	3	8	6	5	7	9	4	1				6	1	7	3	4	2	9	8	5
1	7	4	8	9	2	5	6	3				2	3	8	5	7	9	4	6	1
4	9	3	5	1	8	6	7	2	3	1	4	8	5	9	2	1	7	3	4	6
5	2	7	9	3	6	8	1	4	9	2	5	3	7	6	8	5	4	1	9	2
8	1	6	7	2	4	3	5	9	7	8	6	1	2	4	6	9	3	5	7	8
						5	3	1	4	9	7	6	8	2						
						9	2	7	5	6	8	4	3	1						
						4	6	8	1	3	2	5	9	7						
9	3	7	6	2	4	1	8	5	6	7	9	2	4	3	9	6	8	1	5	7
6	4	5	8	7	1	2	9	3	8	4	1	7	6	5	4	1	3	9	2	8
8	1	2	3	9	5	7	4	6	2	5	3	9	1	8	2	5	7	3	6	4
4	6	8	7	1	2	3	5	9				4	8	2	3	9	1	5	7	6
3	7	1	5	6	9	4	2	8				3	9	6	7	8	5	2	4	1
5	2	9	4	8	3	6	1	7				1	5	7	6	2	4	8	3	9
2	9	6	1	3	8	5	7	4				5	3	4	1	7	9	6	8	2
1	5	3	9	4	7	8	6	2				6	7	9	8	3	2	4	1	5
7	8	4	2	5	6	9	3	1				8	2	1	5	4	6	7	9	3

82

9	8	1	4	7	3	2	6	5				6	4	2	8	3	9	7	1	5
2	6	4	5	9	1	3	8	7				8	3	5	4	1	7	6	2	9
5	3	7	2	8	6	1	9	4				7	1	9	2	6	5	8	4	3
6	5	9	8	1	7	4	3	2				1	5	8	9	7	6	2	3	4
7	4	8	3	2	5	9	1	6				2	6	3	5	4	8	1	9	7
1	2	3	9	6	4	7	5	8				9	7	4	1	2	3	5	8	6
8	9	5	7	3	2	6	4	1	8	2	3	5	9	7	3	8	2	4	6	1
3	7	6	1	4	8	5	2	9	6	4	7	3	8	1	6	5	4	9	7	2
4	1	2	6	5	9	8	7	3	1	9	5	4	2	6	7	9	1	3	5	8
						7	3	2	9	1	4	8	6	5						
						4	9	8	2	5	6	7	1	3						
						1	6	5	7	3	8	2	4	9						
1	4	9	8	2	7	3	5	6	4	8	1	9	7	2	5	1	8	4	6	3
8	7	3	9	6	5	2	1	4	5	7	9	6	3	8	2	4	9	5	1	7
2	5	6	1	4	3	9	8	7	3	6	2	1	5	4	6	3	7	2	9	8
9	8	4	5	7	6	1	3	2				5	4	7	9	8	6	1	3	2
7	1	2	4	3	8	5	6	9				2	1	3	4	7	5	6	8	9
6	3	5	2	9	1	7	4	8				8	6	9	3	2	1	7	5	4
5	6	1	7	8	9	4	2	3				3	2	6	8	5	4	9	7	1
4	9	8	3	5	2	6	7	1				4	9	1	7	6	3	8	2	5
3	2	7	6	1	4	8	9	5				7	8	5	1	9	2	3	4	6

83

5	3	9	4	1	2	7	8	6				9	8	4	2	3	6	5	7	1
8	7	2	3	6	9	4	1	5				2	6	5	1	7	9	3	8	4
1	6	4	7	8	5	2	3	9				3	1	7	4	8	5	6	9	2
4	9	6	8	2	3	5	7	1				6	3	8	9	5	1	4	2	7
2	5	7	1	9	6	3	4	8				7	5	2	8	6	4	9	1	3
3	8	1	5	4	7	9	6	2				4	9	1	3	2	7	8	5	6
7	2	8	9	3	1	6	5	4	7	9	8	1	2	3	5	4	8	7	6	9
9	1	5	6	7	4	8	2	3	4	6	1	5	7	9	6	1	3	2	4	8
6	4	3	2	5	8	1	9	7	2	5	3	8	4	6	7	9	2	1	3	5
						7	8	6	9	1	4	3	5	2						
						2	3	9	5	8	7	4	6	1						
						4	1	5	3	2	6	7	9	8						
4	3	5	2	7	1	9	6	8	1	7	5	2	3	4	1	5	9	8	6	7
2	7	6	8	9	3	5	4	1	6	3	2	9	8	7	6	2	3	5	4	1
9	1	8	6	5	4	3	7	2	8	4	9	6	1	5	4	7	8	2	9	3
8	2	1	9	6	5	7	3	4				1	5	9	3	8	7	4	2	6
6	5	3	4	1	7	2	8	9				3	4	2	9	6	1	7	8	5
7	9	4	3	2	8	1	5	6				7	6	8	5	4	2	3	1	9
1	4	2	5	3	6	8	9	7				5	7	1	8	9	4	6	3	2
3	6	9	7	8	2	4	1	5				8	9	6	2	3	5	1	7	4
5	8	7	1	4	9	6	2	3				4	2	3	7	1	6	9	5	8

84

3	2	4	6	5	9	1	7	8				8	7	5	1	3	2	4	6	9
5	1	8	7	3	2	6	4	9				6	1	4	7	9	5	2	3	8
7	6	9	1	4	8	3	2	5				3	9	2	6	4	8	5	7	1
4	8	3	5	2	1	9	6	7				4	6	9	5	2	7	8	1	3
9	5	6	3	8	7	2	1	4				2	8	3	9	1	6	7	4	5
2	7	1	9	6	4	5	8	3				1	5	7	3	8	4	9	2	6
1	9	2	8	7	3	4	5	6	1	9	2	7	3	8	2	6	9	1	5	4
6	4	7	2	9	5	8	3	1	7	4	5	9	2	6	4	5	1	3	8	7
8	3	5	4	1	6	7	9	2	3	6	8	5	4	1	8	7	3	6	9	2
						3	4	5	2	7	6	1	8	9						
						1	7	9	5	8	3	2	6	4						
						6	2	8	4	1	9	3	7	5						
5	4	6	2	3	8	9	1	7	6	2	4	8	5	3	9	2	6	1	7	4
1	9	8	5	7	4	2	6	3	8	5	1	4	9	7	1	3	8	6	2	5
2	7	3	6	9	1	5	8	4	9	3	7	6	1	2	4	7	5	3	9	8
8	3	2	1	6	5	4	7	9				3	2	9	8	1	7	4	5	6
4	6	9	8	2	7	1	3	5				1	8	6	2	5	4	9	3	7
7	5	1	3	4	9	6	2	8				5	7	4	3	6	9	2	8	1
6	2	5	9	8	3	7	4	1				7	3	1	6	8	2	5	4	9
9	8	7	4	1	2	3	5	6				9	6	8	5	4	3	7	1	2
3	1	4	7	5	6	8	9	2				2	4	5	7	9	1	8	6	3

85

5	4	6	1	8	2	7	9	3				6	4	8	5	2	7	1	3	9
3	1	7	9	6	5	4	8	2				3	5	2	4	1	9	6	8	7
2	9	8	3	4	7	6	5	1				1	9	7	8	3	6	5	2	4
7	2	9	6	1	4	8	3	5				5	3	1	2	9	8	4	7	6
6	8	3	5	7	9	2	1	4				8	7	9	6	4	5	3	1	2
4	5	1	8	2	3	9	6	7				4	2	6	1	7	3	8	9	5
8	3	2	4	5	6	1	7	9	5	6	3	2	8	4	7	5	1	9	6	3
1	7	5	2	9	8	3	4	6	2	7	8	9	1	5	3	6	2	7	4	8
9	6	4	7	3	1	5	2	8	1	4	9	7	6	3	9	8	4	2	5	1
						8	3	7	4	9	1	5	2	6						
						9	1	5	6	8	2	3	4	7						
						4	6	2	7	3	5	8	9	1						
6	1	7	8	3	9	2	5	4	8	1	7	6	3	9	7	5	8	4	2	1
4	9	2	7	1	5	6	8	3	9	5	4	1	7	2	9	4	6	3	8	5
8	5	3	6	4	2	7	9	1	3	2	6	4	5	8	2	3	1	6	9	7
3	2	9	1	6	8	4	7	5				9	2	3	1	7	4	8	5	6
7	8	1	2	5	4	9	3	6				5	8	1	6	9	3	7	4	2
5	6	4	3	9	7	1	2	8				7	4	6	8	2	5	9	1	3
2	4	5	9	8	1	3	6	7				2	6	5	3	8	9	1	7	4
9	3	8	4	7	6	5	1	2				3	9	4	5	1	7	2	6	8
1	7	6	5	2	3	8	4	9				8	1	7	4	6	2	5	3	9

86

1	2	7	5	6	4	9	3	8				8	5	3	6	1	4	2	9	7
4	3	5	9	1	8	2	6	7				7	9	2	3	8	5	1	4	6
8	9	6	2	3	7	5	1	4				4	6	1	2	7	9	8	5	3
7	4	8	1	5	6	3	2	9				6	7	8	9	2	1	4	3	5
3	5	9	4	7	2	1	8	6				3	1	4	8	5	7	6	2	9
2	6	1	3	8	9	4	7	5				5	2	9	4	6	3	7	8	1
6	1	3	7	9	5	8	4	2	5	6	9	1	3	7	5	4	8	9	6	2
9	8	4	6	2	1	7	5	3	1	2	8	9	4	6	1	3	2	5	7	8
5	7	2	8	4	3	6	9	1	4	3	7	2	8	5	7	9	6	3	1	4
						4	6	8	2	7	1	3	5	9						
						9	3	5	6	8	4	7	2	1						
						1	2	7	3	9	5	4	6	8						
9	7	5	2	4	8	3	1	6	9	5	2	8	7	4	6	2	9	5	1	3
1	8	3	9	5	6	2	7	4	8	1	6	5	9	3	7	4	1	2	8	6
6	2	4	3	1	7	5	8	9	7	4	3	6	1	2	3	5	8	7	9	4
2	4	6	8	7	3	1	9	5				2	4	9	1	6	5	8	3	7
3	5	7	1	9	4	6	2	8				1	6	7	2	8	3	4	5	9
8	9	1	6	2	5	4	3	7				3	8	5	4	9	7	6	2	1
4	3	2	5	8	9	7	6	1				9	2	1	8	7	6	3	4	5
5	1	8	7	6	2	9	4	3				7	3	8	5	1	4	9	6	2
7	6	9	4	3	1	8	5	2				4	5	6	9	3	2	1	7	8

87

5	8	1	6	4	9	3	7	2				9	5	7	4	8	3	1	2	6
3	4	7	2	1	5	8	6	9				6	1	3	9	2	7	5	4	8
9	2	6	7	3	8	1	5	4				8	4	2	5	1	6	3	9	7
4	7	3	8	9	1	6	2	5				4	7	6	1	5	9	8	3	2
8	9	5	4	2	6	7	1	3				5	9	8	2	3	4	7	6	1
1	6	2	3	5	7	9	4	8				3	2	1	7	6	8	4	5	9
7	5	9	1	8	4	2	3	6	9	5	1	7	8	4	3	9	2	6	1	5
6	3	8	5	7	2	4	9	1	6	8	7	2	3	5	6	7	1	9	8	4
2	1	4	9	6	3	5	8	7	2	4	3	1	6	9	8	4	5	2	7	3
						1	2	5	7	3	9	8	4	6						
						9	6	4	1	2	8	3	5	7						
						8	7	3	5	6	4	9	2	1						
2	8	4	7	6	1	3	5	9	8	1	6	4	7	2	5	8	3	1	6	9
1	6	9	5	8	3	7	4	2	3	9	5	6	1	8	7	2	9	5	4	3
3	5	7	9	2	4	6	1	8	4	7	2	5	9	3	1	4	6	8	2	7
4	7	8	3	1	2	5	9	6				1	5	7	9	6	2	4	3	8
9	3	5	4	7	6	2	8	1				2	8	6	4	3	1	7	9	5
6	2	1	8	5	9	4	7	3				3	4	9	8	5	7	2	1	6
5	9	6	1	3	7	8	2	4				7	6	4	3	1	8	9	5	2
7	4	3	2	9	8	1	6	5				9	2	1	6	7	5	3	8	4
8	1	2	6	4	5	9	3	7				8	3	5	2	9	4	6	7	1

88

1	3	6	2	4	8	7	9	5				1	5	2	9	7	8	4	6	3
7	5	8	6	1	9	3	4	2				8	3	6	1	4	2	5	7	9
9	2	4	3	7	5	6	1	8				9	4	7	3	6	5	8	1	2
4	8	2	9	6	3	5	7	1				3	6	8	2	5	7	1	9	4
6	1	3	7	5	2	4	8	9				2	7	4	8	1	9	6	3	5
5	7	9	4	8	1	2	6	3				5	1	9	4	3	6	7	2	8
3	9	7	8	2	4	1	5	6	2	8	7	4	9	3	6	8	1	2	5	7
2	6	1	5	9	7	8	3	4	6	5	9	7	2	1	5	9	4	3	8	6
8	4	5	1	3	6	9	2	7	1	4	3	6	8	5	7	2	3	9	4	1
						7	9	8	4	1	6	5	3	2						
						4	1	5	8	3	2	9	7	6						
						3	6	2	7	9	5	1	4	8						
2	8	5	1	4	9	6	7	3	5	2	4	8	1	9	5	7	4	2	3	6
7	9	3	5	8	6	2	4	1	9	6	8	3	5	7	2	8	6	4	9	1
1	6	4	7	3	2	5	8	9	3	7	1	2	6	4	3	9	1	5	7	8
3	4	7	2	1	5	9	6	8				7	4	2	6	5	8	9	1	3
9	1	2	8	6	7	4	3	5				6	8	5	9	1	3	7	4	2
6	5	8	4	9	3	7	1	2				9	3	1	7	4	2	6	8	5
8	7	9	6	2	1	3	5	4				5	7	3	8	6	9	1	2	4
5	3	1	9	7	4	8	2	6				4	2	6	1	3	7	8	5	9
4	2	6	3	5	8	1	9	7				1	9	8	4	2	5	3	6	7

89

4	5	1	6	8	7	2	3	9				2	1	8	9	6	5	7	4	3
9	7	8	3	5	2	4	1	6				6	9	3	4	7	2	5	8	1
6	3	2	4	1	9	8	7	5				7	5	4	3	1	8	2	9	6
3	2	6	5	4	1	9	8	7				9	3	6	1	2	4	8	5	7
5	4	7	9	3	8	1	6	2				4	8	7	6	5	3	1	2	9
8	1	9	2	7	6	5	4	3				5	2	1	7	8	9	6	3	4
1	8	5	7	2	3	6	9	4	8	1	5	3	7	2	5	4	1	9	6	8
7	6	4	1	9	5	3	2	8	9	6	7	1	4	5	8	9	6	3	7	2
2	9	3	8	6	4	7	5	1	2	4	3	8	6	9	2	3	7	4	1	5
						1	4	2	7	5	6	9	8	3						
						5	8	3	4	9	1	6	2	7						
						9	6	7	3	2	8	5	1	4						
5	1	4	3	9	2	8	7	6	5	3	4	2	9	1	3	8	5	7	6	4
3	9	7	8	6	4	2	1	5	6	7	9	4	3	8	6	7	9	5	1	2
6	8	2	1	7	5	4	3	9	1	8	2	7	5	6	4	2	1	3	9	8
8	2	5	6	3	9	1	4	7				1	4	9	8	6	7	2	3	5
7	4	3	5	8	1	6	9	2				5	8	2	1	4	3	9	7	6
1	6	9	2	4	7	5	8	3				3	6	7	9	5	2	8	4	1
9	7	6	4	5	8	3	2	1				6	1	3	5	9	8	4	2	7
2	5	8	9	1	3	7	6	4				9	2	5	7	1	4	6	8	3
4	3	1	7	2	6	9	5	8				8	7	4	2	3	6	1	5	9

90

8	3	2	9	6	4	7	1	5				4	1	7	5	2	8	3	6	9
7	9	4	5	2	1	3	6	8				2	6	9	3	1	4	8	5	7
5	6	1	3	7	8	2	9	4				3	8	5	6	9	7	4	1	2
3	7	6	1	8	5	4	2	9				9	4	3	8	6	1	2	7	5
2	4	5	7	9	3	6	8	1				1	7	8	2	3	5	6	9	4
1	8	9	6	4	2	5	3	7				6	5	2	7	4	9	1	3	8
4	5	3	2	1	9	8	7	6	9	3	4	5	2	1	4	7	3	9	8	6
6	1	8	4	3	7	9	5	2	6	7	1	8	3	4	9	5	6	7	2	1
9	2	7	8	5	6	1	4	3	8	2	5	7	9	6	1	8	2	5	4	3
						2	8	1	4	6	9	3	7	5						
						7	3	5	1	8	2	6	4	9						
						4	6	9	3	5	7	1	8	2						
3	5	2	1	7	8	6	9	4	7	1	8	2	5	3	6	8	7	9	4	1
8	6	4	2	3	9	5	1	7	2	9	3	4	6	8	3	9	1	7	2	5
1	7	9	4	6	5	3	2	8	5	4	6	9	1	7	2	5	4	6	3	8
5	8	1	7	9	3	4	6	2				3	4	6	9	2	5	8	1	7
2	9	7	5	4	6	1	8	3				7	2	5	8	1	6	4	9	3
6	4	3	8	1	2	9	7	5				1	8	9	4	7	3	2	5	6
7	3	8	6	5	1	2	4	9				5	9	1	7	4	8	3	6	2
4	1	5	9	2	7	8	3	6				6	7	4	1	3	2	5	8	9
9	2	6	3	8	4	7	5	1				8	3	2	5	6	9	1	7	4

91

4	5	7	1	2	9	8	6	3				1	9	3	2	5	8	7	4	6
1	6	8	5	7	3	2	4	9				7	2	6	1	4	3	8	5	9
9	3	2	6	4	8	5	1	7				5	8	4	9	6	7	3	1	2
2	7	1	8	5	6	9	3	4				2	4	8	3	7	6	5	9	1
5	9	3	7	1	4	6	2	8				6	1	5	4	8	9	2	7	3
6	8	4	3	9	2	7	5	1				9	3	7	5	2	1	4	6	8
3	4	6	2	8	7	1	9	5	4	3	6	8	7	2	6	9	4	1	3	5
7	2	5	9	3	1	4	8	6	7	1	2	3	5	9	7	1	2	6	8	4
8	1	9	4	6	5	3	7	2	9	8	5	4	6	1	8	3	5	9	2	7
						9	5	7	1	4	3	2	8	6						
						8	1	4	2	6	9	7	3	5						
						6	2	3	5	7	8	1	9	4						
3	7	4	9	2	8	5	6	1	3	2	7	9	4	8	7	2	3	6	5	1
6	8	5	1	4	7	2	3	9	8	5	4	6	1	7	9	5	8	4	2	3
2	1	9	3	5	6	7	4	8	6	9	1	5	2	3	6	1	4	7	9	8
1	3	6	2	8	9	4	5	7				3	6	5	1	4	2	9	8	7
4	9	2	5	7	3	8	1	6				4	7	1	3	8	9	5	6	2
8	5	7	4	6	1	3	9	2				8	9	2	5	6	7	3	1	4
7	4	1	8	9	5	6	2	3				1	3	6	8	7	5	2	4	9
9	2	8	6	3	4	1	7	5				7	8	4	2	9	6	1	3	5
5	6	3	7	1	2	9	8	4				2	5	9	4	3	1	8	7	6

92

8	1	3	9	2	6	5	7	4				7	1	4	3	9	8	6	2	5
9	6	4	7	5	1	3	8	2				6	5	3	2	1	7	8	4	9
5	2	7	3	4	8	9	1	6				8	9	2	5	6	4	3	7	1
4	5	1	2	7	3	6	9	8				5	2	1	4	8	9	7	3	6
3	8	9	1	6	5	2	4	7				3	7	8	1	2	6	9	5	4
6	7	2	4	8	9	1	3	5				4	6	9	7	5	3	1	8	2
1	4	5	6	3	7	8	2	9	4	5	6	1	3	7	9	4	5	2	6	8
7	3	8	5	9	2	4	6	1	3	9	7	2	8	5	6	3	1	4	9	7
2	9	6	8	1	4	7	5	3	8	2	1	9	4	6	8	7	2	5	1	3
						6	8	5	7	4	2	3	9	1						
						3	9	4	1	8	5	7	6	2						
						1	7	2	6	3	9	4	5	8						
8	7	2	4	9	3	5	1	6	9	7	3	8	2	4	1	7	9	3	5	6
9	6	4	5	7	1	2	3	8	5	1	4	6	7	9	5	8	3	2	1	4
1	5	3	6	2	8	9	4	7	2	6	8	5	1	3	4	6	2	9	7	8
5	4	7	3	8	2	1	6	9				4	5	7	6	3	8	1	2	9
2	9	6	7	1	4	3	8	5				9	6	8	2	1	5	4	3	7
3	1	8	9	5	6	4	7	2				1	3	2	7	9	4	6	8	5
6	3	9	2	4	7	8	5	1				2	8	5	9	4	1	7	6	3
7	2	1	8	3	5	6	9	4				7	9	1	3	5	6	8	4	2
4	8	5	1	6	9	7	2	3				3	4	6	8	2	7	5	9	1

93

4	5	3	7	2	6	9	8	1				7	5	3	8	6	1	2	4	9
8	7	6	4	9	1	2	5	3				2	9	6	7	4	5	3	1	8
1	2	9	8	3	5	6	7	4				4	8	1	9	2	3	5	7	6
7	8	1	2	6	4	5	3	9				8	1	2	4	5	9	6	3	7
9	3	4	5	1	7	8	6	2				3	7	9	1	8	6	4	2	5
2	6	5	3	8	9	4	1	7				5	6	4	2	3	7	9	8	1
6	9	8	1	7	2	3	4	5	6	8	9	1	2	7	5	9	4	8	6	3
5	1	2	6	4	3	7	9	8	1	3	2	6	4	5	3	7	8	1	9	2
3	4	7	9	5	8	1	2	6	5	7	4	9	3	8	6	1	2	7	5	4
						8	1	3	7	4	6	5	9	2						
						5	6	4	9	2	1	7	8	3						
						2	7	9	3	5	8	4	1	6						
6	3	2	9	5	1	4	8	7	2	9	5	3	6	1	5	8	2	4	7	9
5	1	9	8	7	4	6	3	2	4	1	7	8	5	9	3	7	4	2	1	6
7	8	4	3	6	2	9	5	1	8	6	3	2	7	4	9	6	1	5	3	8
3	4	1	7	9	5	8	2	6				7	2	8	6	4	9	1	5	3
9	6	7	4	2	8	5	1	3				5	1	6	8	2	3	7	9	4
8	2	5	1	3	6	7	4	9				4	9	3	1	5	7	8	6	2
1	9	8	2	4	7	3	6	5				9	8	7	2	1	6	3	4	5
4	5	3	6	1	9	2	7	8				6	4	5	7	3	8	9	2	1
2	7	6	5	8	3	1	9	4				1	3	2	4	9	5	6	8	7

94

4	3	6	8	2	1	5	9	7				5	1	6	4	9	3	2	7	8
8	9	2	5	7	4	6	1	3				2	4	7	8	1	6	3	5	9
5	1	7	3	9	6	8	2	4				8	9	3	7	2	5	6	1	4
9	7	1	4	6	5	3	8	2				4	6	8	9	5	1	7	3	2
2	8	4	9	3	7	1	5	6				9	3	5	2	7	4	8	6	1
3	6	5	2	1	8	7	4	9				1	7	2	6	3	8	9	4	5
7	5	8	6	4	2	9	3	1	5	6	2	7	8	4	5	6	2	1	9	3
6	2	9	1	8	3	4	7	5	3	9	8	6	2	1	3	4	9	5	8	7
1	4	3	7	5	9	2	6	8	7	1	4	3	5	9	1	8	7	4	2	6
						8	2	9	4	7	1	5	6	3						
						5	4	3	9	8	6	1	7	2						
						6	1	7	2	5	3	4	9	8						
6	3	1	5	8	2	7	9	4	8	3	5	2	1	6	8	5	7	4	3	9
4	5	2	9	1	7	3	8	6	1	2	7	9	4	5	6	1	3	8	2	7
8	7	9	3	6	4	1	5	2	6	4	9	8	3	7	9	2	4	5	1	6
1	9	4	7	2	8	6	3	5				7	6	3	4	9	8	2	5	1
2	8	5	6	9	3	4	1	7				5	2	4	7	3	1	6	9	8
7	6	3	4	5	1	9	2	8				1	8	9	5	6	2	7	4	3
5	4	6	8	3	9	2	7	1				6	9	1	2	7	5	3	8	4
9	2	7	1	4	5	8	6	3				4	7	2	3	8	9	1	6	5
3	1	8	2	7	6	5	4	9				3	5	8	1	4	6	9	7	2

95

1	3	4	7	5	9	6	8	2				4	5	3	1	7	9	6	2	8
2	5	8	6	3	4	1	7	9				6	7	8	4	2	3	1	5	9
6	7	9	1	2	8	3	4	5				9	1	2	8	6	5	4	7	3
4	6	2	3	8	1	9	5	7				5	2	4	7	1	8	9	3	6
5	9	7	4	6	2	8	1	3				3	6	1	5	9	4	2	8	7
3	8	1	9	7	5	4	2	6				8	9	7	2	3	6	5	4	1
8	1	5	2	9	3	7	6	4	3	5	1	2	8	9	6	4	7	3	1	5
9	2	6	8	4	7	5	3	1	8	9	2	7	4	6	3	5	1	8	9	2
7	4	3	5	1	6	2	9	8	4	7	6	1	3	5	9	8	2	7	6	4
						8	2	6	9	1	4	5	7	3						
						9	7	5	2	6	3	4	1	8						
						4	1	3	5	8	7	9	6	2						
2	8	3	6	4	7	1	5	9	7	3	8	6	2	4	7	5	8	3	1	9
5	7	4	3	9	1	6	8	2	1	4	9	3	5	7	9	1	6	8	2	4
1	6	9	5	8	2	3	4	7	6	2	5	8	9	1	2	3	4	6	7	5
4	2	6	9	3	8	5	7	1				4	8	6	1	7	5	9	3	2
7	9	8	1	5	6	4	2	3				9	7	3	8	6	2	5	4	1
3	1	5	2	7	4	8	9	6				2	1	5	3	4	9	7	6	8
8	3	7	4	6	9	2	1	5				7	4	2	5	9	3	1	8	6
6	4	2	7	1	5	9	3	8				5	3	8	6	2	1	4	9	7
9	5	1	8	2	3	7	6	4				1	6	9	4	8	7	2	5	3

96

7	3	2	9	1	4	5	8	6				3	7	4	5	1	2	9	6	8
4	6	5	7	3	8	1	9	2				2	9	5	6	3	8	4	1	7
8	9	1	6	5	2	3	7	4				8	6	1	9	4	7	3	5	2
5	8	9	3	2	1	6	4	7				1	2	3	7	6	5	8	9	4
2	7	3	4	6	9	8	1	5				9	4	6	2	8	1	5	7	3
1	4	6	8	7	5	9	2	3				5	8	7	4	9	3	1	2	6
6	2	4	1	8	3	7	5	9	3	4	2	6	1	8	3	7	9	2	4	5
3	5	8	2	9	7	4	6	1	8	9	5	7	3	2	1	5	4	6	8	9
9	1	7	5	4	6	2	3	8	7	6	1	4	5	9	8	2	6	7	3	1
						5	9	2	4	3	7	8	6	1						
						1	8	4	9	5	6	3	2	7						
						6	7	3	1	2	8	9	4	5						
5	1	6	8	4	3	9	2	7	6	1	4	5	8	3	1	4	9	7	2	6
7	8	2	6	9	1	3	4	5	2	8	9	1	7	6	2	5	3	4	8	9
4	3	9	5	2	7	8	1	6	5	7	3	2	9	4	7	6	8	3	1	5
9	6	1	7	3	4	2	5	8				6	4	7	5	8	2	9	3	1
3	7	5	2	8	6	1	9	4				8	3	1	6	9	7	2	5	4
8	2	4	1	5	9	6	7	3				9	5	2	3	1	4	6	7	8
1	4	3	9	7	8	5	6	2				7	1	5	4	3	6	8	9	2
6	5	8	4	1	2	7	3	9				4	2	9	8	7	1	5	6	3
2	9	7	3	6	5	4	8	1				3	6	8	9	2	5	1	4	7

97

5	1	3	8	7	4	6	9	2				4	3	2	1	9	8	7	6	5
6	8	7	9	1	2	3	5	4				5	1	9	6	7	2	3	4	8
9	4	2	5	6	3	8	1	7				6	7	8	4	3	5	9	2	1
3	6	1	4	9	5	2	7	8				1	2	4	5	6	7	8	9	3
2	9	8	1	3	7	5	4	6				8	5	3	2	1	9	4	7	6
7	5	4	6	2	8	1	3	9				7	9	6	3	8	4	1	5	2
8	3	6	7	4	1	9	2	5	8	1	4	3	6	7	9	5	1	2	8	4
4	2	9	3	5	6	7	8	1	2	6	3	9	4	5	8	2	3	6	1	7
1	7	5	2	8	9	4	6	3	7	5	9	2	8	1	7	4	6	5	3	9
						2	5	4	1	3	8	6	7	9						
						1	9	6	4	7	5	8	2	3						
						3	7	8	6	9	2	1	5	4						
2	1	8	7	5	3	6	4	9	5	2	1	7	3	8	6	2	1	5	4	9
4	7	3	9	6	8	5	1	2	3	8	7	4	9	6	5	7	3	2	1	8
5	9	6	2	4	1	8	3	7	9	4	6	5	1	2	4	9	8	6	7	3
3	5	7	4	1	6	2	9	8				1	7	9	8	5	6	3	2	4
9	8	4	3	7	2	1	6	5				6	2	3	9	4	7	1	8	5
1	6	2	5	8	9	3	7	4				8	5	4	3	1	2	7	9	6
6	2	5	1	9	7	4	8	3				2	8	5	7	3	9	4	6	1
7	4	1	8	3	5	9	2	6				3	6	1	2	8	4	9	5	7
8	3	9	6	2	4	7	5	1				9	4	7	1	6	5	8	3	2

98

3	4	5	1	6	2	8	9	7				7	4	3	5	9	2	8	6	1
2	8	7	9	5	4	3	6	1				2	6	9	4	8	1	7	3	5
9	1	6	8	3	7	4	2	5				8	1	5	6	7	3	4	9	2
8	9	1	2	7	3	5	4	6				1	7	2	3	4	9	6	5	8
6	5	2	4	1	9	7	3	8				5	3	6	8	1	7	2	4	9
4	7	3	5	8	6	9	1	2				9	8	4	2	6	5	3	1	7
1	6	4	7	9	5	2	8	3	1	4	9	6	5	7	9	3	8	1	2	4
5	2	8	3	4	1	6	7	9	5	3	8	4	2	1	7	5	6	9	8	3
7	3	9	6	2	8	1	5	4	6	7	2	3	9	8	1	2	4	5	7	6
						3	9	5	2	1	4	8	7	6						
						8	4	6	7	9	5	1	3	2						
						7	1	2	3	8	6	9	4	5						
9	6	3	1	7	4	5	2	8	9	6	3	7	1	4	3	2	8	9	5	6
1	5	2	8	9	6	4	3	7	8	5	1	2	6	9	1	5	4	3	7	8
8	7	4	5	3	2	9	6	1	4	2	7	5	8	3	6	9	7	2	4	1
5	4	9	6	8	3	7	1	2				1	3	2	7	4	5	6	8	9
7	3	8	2	4	1	6	9	5				4	9	7	8	6	2	1	3	5
6	2	1	9	5	7	3	8	4				6	5	8	9	3	1	7	2	4
3	1	7	4	2	9	8	5	6				9	7	6	4	8	3	5	1	2
4	8	6	3	1	5	2	7	9				8	2	1	5	7	6	4	9	3
2	9	5	7	6	8	1	4	3				3	4	5	2	1	9	8	6	7

99

4	2	8	5	7	3	1	9	6				1	7	4	9	5	8	3	2	6
9	5	3	2	1	6	4	8	7				9	2	6	3	1	7	4	8	5
1	6	7	4	9	8	2	3	5				5	3	8	6	4	2	7	1	9
6	9	4	1	5	7	8	2	3				4	9	2	8	7	1	6	5	3
3	8	1	9	6	2	5	7	4				6	5	1	2	3	9	8	4	7
5	7	2	8	3	4	9	6	1				7	8	3	4	6	5	1	9	2
2	1	6	7	8	5	3	4	9	2	1	7	8	6	5	7	2	4	9	3	1
8	3	9	6	4	1	7	5	2	8	4	6	3	1	9	5	8	6	2	7	4
7	4	5	3	2	9	6	1	8	3	5	9	2	4	7	1	9	3	5	6	8
						5	3	1	6	8	4	9	7	2						
						2	6	4	7	9	5	1	8	3						
						9	8	7	1	3	2	4	5	6						
9	2	4	5	6	8	1	7	3	5	2	8	6	9	4	5	1	2	3	7	8
1	8	6	3	9	7	4	2	5	9	6	1	7	3	8	6	9	4	5	1	2
5	7	3	2	1	4	8	9	6	4	7	3	5	2	1	8	7	3	9	6	4
8	5	9	6	7	1	2	3	4				1	5	9	4	6	7	2	8	3
2	6	7	4	3	5	9	8	1				8	4	6	2	3	1	7	5	9
4	3	1	9	8	2	5	6	7				2	7	3	9	5	8	6	4	1
6	9	8	1	4	3	7	5	2				4	6	5	3	8	9	1	2	7
3	1	2	7	5	9	6	4	8				3	8	7	1	2	6	4	9	5
7	4	5	8	2	6	3	1	9				9	1	2	7	4	5	8	3	6

100

7	2	6	8	9	1	3	4	5				8	5	1	9	7	2	4	3	6
3	8	5	2	6	4	9	1	7				3	7	2	4	5	6	1	9	8
4	9	1	3	5	7	2	8	6				6	4	9	8	1	3	7	5	2
1	5	2	4	7	3	8	6	9				1	9	6	3	4	5	2	8	7
6	7	4	9	2	8	5	3	1				4	3	8	1	2	7	5	6	9
8	3	9	5	1	6	4	7	2				7	2	5	6	8	9	3	1	4
2	1	3	6	8	9	7	5	4	9	1	6	2	8	3	5	6	4	9	7	1
9	4	7	1	3	5	6	2	8	4	3	5	9	1	7	2	3	8	6	4	5
5	6	8	7	4	2	1	9	3	2	7	8	5	6	4	7	9	1	8	2	3
						4	8	5	3	6	7	1	9	2						
						2	3	1	8	5	9	4	7	6						
						9	6	7	1	2	4	3	5	8						
9	4	7	3	5	6	8	1	2	7	9	3	6	4	5	3	7	9	8	1	2
8	2	5	1	7	9	3	4	6	5	8	1	7	2	9	4	8	1	6	3	5
3	6	1	4	2	8	5	7	9	6	4	2	8	3	1	6	5	2	4	7	9
4	3	8	2	9	1	6	5	7				9	7	2	5	3	4	1	6	8
2	7	9	6	4	5	1	3	8				5	6	8	1	2	7	3	9	4
5	1	6	8	3	7	2	9	4				4	1	3	9	6	8	2	5	7
1	9	2	5	6	4	7	8	3				2	8	6	7	9	3	5	4	1
6	5	4	7	8	3	9	2	1				3	9	4	8	1	5	7	2	6
7	8	3	9	1	2	4	6	5				1	5	7	2	4	6	9	8	3

Notes